国家自然科学基金面上项目(50674083)资助
辽宁省"百千万人才工程"资助项目
辽宁工程技术大学学科创新团队资助项目(LNTU20TD-01)

煤矿深部开采巷道围岩变形破坏特征试验研究及其控制技术

王　猛　著

U0323846

中国矿业大学出版社

·徐州·

内 容 简 介

　　本书在分析深部开采巷道围岩变形破坏特征和巷道支护加固技术的基础上,利用大尺度三维地下工程综合模拟试验系统开展了煤矿深部开采条件下的巷道开挖相似材料模拟试验,分析了深部高应力条件下采用不同支护形式时的巷道围岩破坏特征,研究了巷道围岩内部和掘进工作面的主应力大小及方向演化与巷道围岩变形破坏之间的关系,发现深部开采巷道围岩在压剪作用下随着主应力大小及方向的不断演化而逐渐向围岩深处扩展破坏,最终在压应力集中区域形成多条交错的剪切滑移裂缝,然后对滑移裂缝进行了数学描述。采用数值模拟方法分析了深部开采条件下不同侧压力系数、不同残余强度对巷道围岩破坏的影响,提出了"适度让压、及时应力恢复,改善应力状态、固结修复,加固围岩、加强关键部位支护"的巷道围岩控制方法。

图书在版编目(CIP)数据

　　煤矿深部开采巷道围岩变形破坏特征试验研究及其控制技术 / 王猛著. — 徐州 : 中国矿业大学出版社,2022.6

　　ISBN 978 - 7 - 5646 - 5450 - 4

　　Ⅰ. ①煤… Ⅱ. ①王… Ⅲ. ①煤矿开采—巷道围岩—围岩变形—特征—试验—研究 Ⅳ. ①TD322-33

　　中国版本图书馆 CIP 数据核字(2022)第 112242 号

书　　名	煤矿深部开采巷道围岩变形破坏特征试验研究及其控制技术
	Meikuang Shenbu Kaicai Hangdao Weiyan Bianxing Pohuai Tezheng Shiyan Yanjiu Jiqi Kongzhi Jishu
著　者	王　猛
责任编辑	杨　洋
出版发行	中国矿业大学出版社有限责任公司
	(江苏省徐州市解放南路　邮编221008)
营销热线	(0516)83884103　83885105
出版服务	(0516)83995789　83884920
网　　址	http://www.cumtp.com　E-mail:cumtpvip@cumtp.com
印　　刷	徐州中矿大印发科技有限公司
开　　本	787 mm×1092 mm　1/16　**印张** 7.5　**字数** 192 千字
版次印次	2022 年 6 月第 1 版　2022 年 6 月第 1 次印刷
定　　价	45.00 元

　　(图书出现印装质量问题,本社负责调换)

前　言

　　随着深部煤炭资源的不断开采和矿井的建设,高地应力成为危及井巷工程围岩体安全性的主导因素。浅部开采的巷道支护理论及技术在深部开采巷道围岩受高应力情况下很难保证巷道围岩的稳定性及解决支护问题,因此深部开采巷道围岩稳定性及井巷安全施工成为新的研究课题。对深部开采巷道围岩变形破坏特征及支护加固技术等的研究显得尤其重要和迫切。以此为出发点,本书结合国家自然科学基金面上项目"深部巷道围岩变形、破坏全过程及稳定控制机理"(项目编号:50674083)、山东郓城煤矿委托项目"深井高应力巷道围岩破坏机理与控制技术的研究",以山东郓城煤矿埋深 900 m 的井下掘进巷道为工程背景,以采矿学、岩体力学、弹塑性力学、断裂力学等为基础,采用相似材料模拟、理论分析、数值模拟、现场实测及工程实践等手段对煤矿深部开采巷道围岩变形破坏特征进行了试验研究,提出了煤矿深部开采巷道围岩支护技术和方法。本书的研究内容主要包括以下几个方面:

　　(1)利用大尺度三维地下工程综合模拟试验系统对煤矿深部开采条件下的巷道开展了"先加载,后开挖"的相似材料模拟试验。采用自行设计制作的气压芯模支护结构、可缩支护结构及无支护模拟分析了不同支护方式下的巷道围岩的破坏特征,利用主应力方向应变传感器获得了试验加载过程中的荷载传递规律和巷道围岩周边主应力大小及其方向的演化规律,采用位移计获得了有支护和无支护情况下巷道围岩的收敛变形规律。

　　(2)分析了由相似材料模拟试验获得的深部高水平应力条件下不同支护形式时的巷道围岩破坏特征;研究了巷道围岩内部和掘进工作面围岩的主应力大小及其方向演化与巷道围岩变形破坏之间的关系;通过巷道围岩表面位移的收敛规律对不同支护形式时的支护作用进行了分析。

　　(3)根据相似材料模拟试验中深部开采巷道围岩的变形破坏特征及破坏区范围,采用钻孔摄像测量系统对郓城煤矿已掘巷道的变形破坏特征进行了观测,结果表明与相似材料模拟所获得的结果是一致的。采用能量分析方法研究了巷道围岩表面初始裂缝的产生原因,结合断裂力学相关理论对巷道开挖后围岩内裂缝的扩展、贯通过程进行了分析。首次发现了深部开采的巷道围岩在压剪作用下会随着主应力大小及方向的不断演化而逐渐向围岩深处扩展破坏，最终在压应力集中区域形成多条交错的剪切滑移裂缝，使巷道产生失稳破坏。同时对形成的剪切滑移裂缝的形态进行了数学描述。

（4）根据对深部开采巷道围岩变形破坏特征的理论分析，运用数值模拟软件 FLAC^{3D} 对相似材料模拟试验进行了数值模拟验证，分析了深部开采条件下不同侧压力系数和不同残余强度对巷道围岩破坏区范围大小和形状的影响。

（5）根据相似材料模拟试验、理论分析、数值模拟及现场实测结果，针对深部巷道围岩稳定性控制进行了理论分析，并提出了"适度让压、及时应力恢复，改善受力状态、固结修复，加固围岩、加强关键部位支护"的控制方法。

（6）针对郓城煤矿深部开采时所进行的巷道支护存在的问题，根据实测结果和理论分析结果，针对性地进行了支护方案设计和现场工程试验。现场实测表明：采用的的支护方案有效地控制了巷道围岩的剧烈变形破坏，巷道使用安全性得到大幅提高，验证了支护方案的可行性。

作 者

2022 年 1 月

目 录

1　绪　　论

1.1　问题的提出及研究意义

根据国际能源署(IEA)的预测,煤炭是化石能源增长量中需求量最大的,煤炭仍是发电行业的主要燃料,到 2030 年其比重将达到 39%[1]。

煤炭是我国的主要能源,煤炭工业是关系能源安全和国家经济命脉的重要基础产业。煤炭在我国化石能源资源量中占 95%。2003 年,中国能源消费总量为 16.8 亿 t 标准煤,其中煤炭占 67.1%,原油占 22.7%,天然气占 2.8%,可再生能源占 7.3%。2008 年我国煤炭消费总量高达 27 亿 t 以上,实际为 28.29 亿 t,约占世界煤炭消费总量的 45%,居世界第一。按照目前的能源消费标准,考虑到节能因素,2020 年我国的煤炭消费总量达 49.8 亿 t[2]。研究指出:直至 2030 年,煤炭在我国能源消费总量中的比重仍将占 55% 左右。中国的经济发展和社会生产是建立在国产能源基础上的,煤炭占全国常规能源探明储量的 90% 以上。煤炭从资源上讲是可靠的能源,从经济上讲是廉价的能源,从环境上讲是可以洁净利用的能源。因此,在今后相当长时间内,煤炭在国民经济和社会发展中仍将占据重要地位,具有不可替代性。

地下开采是我国煤炭资源开采的主要途径。在长期高强度开采中,浅部煤炭资源储量逐渐减少,煤炭开采的井深越来越大。虽然西部地区浅部资源储量很大,但是该区域生态环境脆弱,煤炭资源的超强度集中开发会使本来非常脆弱的生态环境雪上加霜,恶化加剧。由于西部地区经济欠发达,同时受交通运输等外部条件制约,煤炭开采重心西移的方案在近期内难以实现。因此,加强我国煤炭主产区的深部煤炭资源的开采是我国煤炭工业今后发展的必然趋势[3]。根据全国已查明的煤炭资源储量,垂直深度在 1 000 m 以内的预测煤炭资源储量为 28 616 亿 t,垂直深度为 1 000～2 000 m 的预测煤炭资源储量为 27 080 亿 t。据统计,我国煤矿开采深度以每年 8～12 m 的速度增加,东部矿井则高达 20～25 m/a。我国已经有 170 多座矿井采深超过 800 m。预计在未来 10 年内我国现有大部分煤矿将进入 1 000～1 500 m 的深部开采环境[4]。

随着煤炭开采不断向深部推进,煤矿生产中所产生的一系列工程灾变,如岩层压力增大、巷道围岩变形显著、围岩收敛变形速度加快、支架损坏严重、巷道翻修量剧增,使得深部巷道的稳定、维护变得异常困难,如图 1-1 所示。

进入深部开采后,大部分深部开采矿井管理人员没有认识到深部与浅部在巷道围岩赋存条件与应力环境上的根本差异,对深部巷道围岩的变形破坏特征缺乏足够的认识和理解。虽然矿井已经进入深部开采,但仍然采用浅部巷道中常用的支护方式。巷道开挖支护后,裂隙萌生和扩展的速度很快,几天内一定厚度范围内的岩体就被次生裂隙切割成小碎块,一个

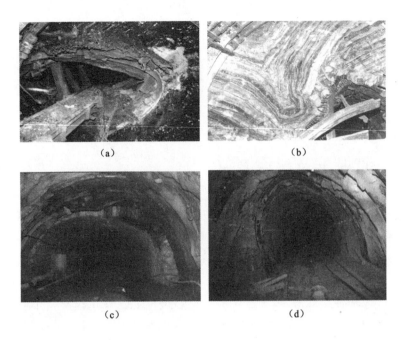

图 1-1　严重变形破坏的深部开采巷道

月左右就产生各种支护失效形式(锚杆拉断、喷层严重折断、U形钢支护严重扭曲等)。由于巷道接连不断失稳破坏,各矿井管理人员将大量的精力都投入到巷道翻修和维护上,但效果较差,结果是前面修好后面又破坏,矿井生产运输受到严重影响,增加了巷道维护成本,严重制约了煤炭安全生产。

　　由于深部开采的煤矿巷道受高地应力、高温、高围压及高孔隙压力的影响,而使得巷道围岩变形破坏呈现了与浅部巷道不同的一些特点。地应力升高,导致深部围岩在强度和变形性质上与浅部有着明显的差别。浅部围岩大多数处于弹性状态,进入深部以后,由于围岩内赋存的高地应力与其本身强度之间存在突出矛盾,巷道开挖后二次应力场引起的高度应力集中导致近地表围岩受到的压剪应力超过围岩自身强度,围岩很快由表及里进入破裂碎胀扩容状态,极易出现大变形而整体失稳。因此,对深部开采巷道开挖后围岩的变形破坏特征以及对其加固、支护等问题的研究显得尤其重要和迫切,以此为出发点,结合山东省郓城煤矿深部开采巷道的实际情况,研究煤矿深部开采巷道围岩的破坏特征,寻找煤矿深部开采巷道的支护控制技术,对矿井高产高效和安全生产具有重要的理论意义和实际应用价值。

1.2　深部开采巷道围岩变形破坏的研究现状

1.2.1　深部开采的界定

　　随着世界各主要产煤国家浅部煤炭资源枯竭,为了满足社会对煤炭资源的需求,煤炭开采不断向深部转移,同时也出现了与浅部开采不同的一系列工程问题,如高地应力、矿井岩温增高、热害严重、巷道矿压显现加剧、巷道支护和维护困难等,对深部煤炭资源的安全高效开采构成了巨大威胁。深部煤炭资源开采过程中产生的一系列岩石力学问题已经成为国内外众多专家学者研究的重点。

"深部"及"深部工程"目前仍没有一个公认的定义。为了便于开采深部煤炭资源,制定和实施必要的安全生产技术措施,俄罗斯学者曾经提出界定"深度"的公式,公式中包含了应力集中系数、岩体单轴抗压强度、岩体弹性模量、拉伸模量与压缩模量以及岩石的极限拉伸变形等。我国学者钱七虎[5]认为分区破裂化现象是深部岩体工程响应的特征和标志,在分析深部岩体工程围岩的变形、破裂和稳定性时必须考虑分区破裂化现象及破裂区的残余强度,其决定了深部岩体工程的开挖、支护方案的特点和原理,提出了基于分区破裂化现象来界定深部岩体工程,就可以得到深部岩体工程的具体概念。何满潮[6]认为以工程深度为指标进行深部的定义在工程应用中具有局限性,针对深部工程所处的特殊地质力学环境,通过对深部工程岩体非线性力学特性的深入研究,建立了深部工程的概念体系,指出进入深部的工程岩体所属的力学系统不再是浅部工程围岩所属的线性力学系统,提出"深部"是指随着开采深度增加,工程岩体开始出现非线性力学现象的深度及其以下的深度区间。在此概念的基础上,确定了临界深度的力学模型及公式,建立了以难度系数和危险指数作为深部工程围岩稳定性的评价指标。梁政国[7]、王英汉等[8]以采场生产中动力异常程度、一次性支护适用程度、煤岩自重应力接近煤层弹性强度极限程度及地温梯度显现程度 4 个参量对煤矿深、浅部开采界线划分进行了深入研究。李凤仪[9]按煤炭赋存深度、煤层上覆岩层组成、煤层上覆岩层处理方法等 8 个界定指标对煤炭开采类型进行了划分。李化敏等[10]也提出了"深井"的基本概念和判别准则。李海燕等[11]对煤矿深井开采的合理经济深度进行了研究。崔希民等[12]从安全开采深度的概念出发,分析了安全开采深度与开采厚度及建筑物的临界变形之间的关系,获得了安全开采深度的确定方法。

各国的开采条件、技术及管理水平存在差异,各国划定的深井"临界深度"指标差别较大,其概念和定义也不尽相同。世界上有着深井开采历史的国家一般认为当矿山开采深度超过 600 m 即为深井开采。苏联的一些学者认为在深度超过 600~700 m 时巷道围岩变形过程趋于强烈,采深超过 600 m 属于深井开采范围。日本把临界深度定为 600 m,而英国和波兰则定为 750 m。但也有学者提出以采深大于 800 m 作为统计深井开采的标准,南非、加拿大等采矿业发达的国家认为矿井开采深度达到 800~1 000 m 才称为深井开采。德国把围岩开始产生掘进移近量时的深度称为极限深度,并认为 800~1 000 m 为深井开采,超过 1 200 m 的为超深井开采或大深度开采。

近年来,随着我国煤矿开采规模的不断扩大,开采深度不断增大,统配煤矿平均开采深度已超过 500 m,如沈煤集团的彩屯煤矿达 1 197m,开滦煤业集团赵各庄煤矿达 1 154 m,新汶矿业集团华丰煤矿的开采水平已达到 1 070 m。据山东省煤炭工业局介绍,位于泰山脚下的新汶矿业集团孙村矿井开采深度已达到 1 350 m。深部开采给矿山生产带来支护、运输提升、通风降温等很多综合问题。根据未来的发展趋势,结合当前矿山开采的客观实际,大多数专家认为我国的深部资源开采的深度界定为:煤矿 800~1 500 m,金属矿山 1 000~2 000 m。

1.2.2 高地应力的定义

随着深部资源的不断开发和深部地下工程的建设,危及地下工程岩体安全的主要因素之一为高地应力。高地应力影响了国内外许多重要岩石工程的安全施工和建设,如中国西部渔子溪、拉西瓦、二滩和锦屏等大型的水电工程,进入深部开采的开滦矿区、淮南矿区、山东巨野矿区以及金川矿区等。南非的诸多金矿,奥地利的托恩隧道以及欧洲其他多个国家的金属矿开采和各类隧道工程,均受到高地应力的影响。因此,国内外岩石力学与工程学界极大关注对高地应力的研究[13-25]。

在所有岩体工程中,对高地应力最为敏感的是采矿工程,这是由于深部地下采矿过程中的地应力更大,频繁的采动对巷道产生较大的影响;同时深部的地质条件与浅部的地质条件存在较大差异,巷道开挖将引起较大的应力集中和应力释放,不同程度的变形和破坏随之产生。由于岩体的复杂性和受到各种地质环境条件的影响,需要不断深入研究高地应力问题,许多学者从不同的角度分别提出了高地应力的含义及其判别方法[26-30]。如工程中通常将硬质岩体内的初始应力高于 20～30 MPa 称为高地应力。法国隧道协会、日本应用地质株式会社和苏联顿巴斯矿区等以岩石的单轴抗压强度和最大主应力的比值,即岩石强度应力比,来划分地应力级别,见表 1-1,其实质是反映岩体承受压应力的相对能力。

表 1-1　世界上部分国家地应力划分等级

地应力等级	高地应力	中等地应力	低地应力
岩石强度应力比	<2	2～4	>4

我国学者陶振宇对高地应力提出了一个定性的界定标准,即高地应力是指其初始应力状态,特别是其水平初始应力分量远超过其上覆岩层的岩体重力。天津大学薛玺成研究建议采用式(1-1)来划分地应力的量级:

$$n = \frac{I_1}{I_1^0} \qquad\qquad (1\text{-}1)$$

式中　I_1——实测地应力的主应力之和;

　　　I_1^0——相应测点的自重应力主应力之和;

　　　n——比值。

薛玺成等的地应力分级方案见表 1-2。

表 1-2　地应力分级方案

地应力分级	一般地应力	较高地应力	高地应力
$n = I_1 / I_1^0$	1～1.5	1.5～2	>2
说明	$n=1$ 时为纯自重应力场	在应力场中有 30%～50% 是构造应力产生的,其余为重力场应力	50% 以上的地应力是构造应力产生的

《岩土工程勘查规范》(GB 50021—2001)(2009 年版)中也采用岩石强度应力比值来划分高地应力级别,其规定:强度应力比值在 4～7 之间为高地应力,强度应力比值小于 4 为极高地应力,与表 1-1 中有的地应力分级方法有很大差别,可以看出不同国家和地区对高地应力的界定存在很大差异。

高地应力实际上是一个相对的概念,与岩体所经受的应力过程、岩体强度、岩石弹性模量等众多因素相关。孙广忠[27]指出受到强烈构造作用的地区,地应力水平与岩体强度有关;受到轻缓构造作用地区,岩体内储存的地应力与岩石弹性模量直接相关,即弹性模量大的岩体内地应力高,弹性模量小的岩体内地应力低。同时他提出了"围岩产生岩爆、剥离,收敛变形大,软弱夹层挤出,饼状岩芯,水下开挖无渗水,开挖过程有瓦斯突出"等六大高地应力地区地质标志。

1.2.3　围岩变形破坏的理论研究

针对巷道围岩变形破坏的分析主要以弹塑性理论研究为主。弹塑性分析方法又称为极限平衡分析方法,是巷道围岩变形破坏机理研究的理论基础。1938 年芬纳(Fenner)基于莫尔-库仑准则最早将地下硐室简化为各向同性、各向等压的轴对称平面应变模型,用以分析地下硐室围岩在弹塑性状态下的应力、应变、位移与支护强度、围岩应力和围岩强度的关系。芬纳和卡斯特纳(H. Kastner)以经典的理想弹塑性模型和岩石破坏后体积不变假设为基础得到了地下圆形巷道的围岩特性曲线方程,推导出巷道围岩弹塑性区应力和半径的卡斯特纳方程,即著名的卡斯特纳公式。图 1-2 为圆形巷道理论分析模型。

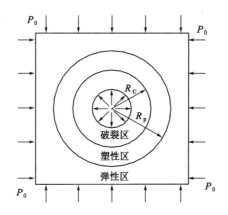

图 1-2　圆形巷道理论分析模型

根据卡斯特纳方程,可求得圆形巷道两向等压情况下围岩内部应力和表面位移的解析解。

① 弹性区内应力分布:

$$\begin{cases} \sigma_\theta \\ \sigma_r \end{cases} = \sigma_0 \pm (C\cos\varphi + \sigma_0\sin\varphi)\left[\frac{(\sigma_0 + C\cot\varphi)(1-\sin\varphi)}{C\cot\varphi}\right]^{\frac{2\sin\varphi}{1-\sin\varphi}}\left(\frac{R_0}{r}\right)^2 \tag{1-2}$$

② 塑性区内应力分布:

$$\sigma_r = C\cot\varphi\left[\left(\frac{r}{R_a}\right)^{\frac{2\sin\varphi}{1-\sin\varphi}} - 1\right] \tag{1-3}$$

$$\sigma_\theta = C\cot\varphi\left[\frac{1+\sin\varphi}{1-\sin\varphi}\left(\frac{r}{R_a}\right)^{\frac{2\sin\varphi}{1-\sin\varphi}} - 1\right] \tag{1-4}$$

③ 塑性区的半径 R_p:

$$R_p = R_a \left[\frac{(\sigma_0 + C\cot \varphi)(1 - \sin \varphi)}{C\cot \varphi} \right]^{\frac{1-\sin \varphi}{2\sin \varphi}} \tag{1-5}$$

④ 巷道围岩位移 u：

$$u = \frac{\sin \varphi}{2Gr}(\sigma_0 + C\cot \varphi)R_p^2 \tag{1-6}$$

式中　　σ_θ——围岩弹性区的切向应力，MPa；

σ_r——围岩弹性区的径向应力，MPa；

σ_0——围岩抗压强度，MPa；

C——内聚力，MPa；

φ——内摩擦角，(°)；

R_0——圆形巷道半径，m；

r——围岩任意一点的半径，m；

G——剪切模量，MPa。

以弹塑性理论为中心，众多学者开展了大量研究，如拉丹伊(B. Ladanyi)、达门(K. Daemen)、威尔逊(H. Wilson)、布朗(E. T. Brown)和李世平等同样遵循莫尔-库仑准则，只是在准则中引入残余强度的计算，陆续提出了新的见解，修正了以上塑性分析结论[31]，计算所得破坏区的半径(松动圈大小)为：

$$R_p = R_a \left[\frac{(\sigma_0 + K_b\cot \varphi) - \dfrac{1}{g^m}(K_b - K_w)\cot \varphi}{P_s + K_w\cot \varphi} \right]^{\frac{1-\sin \varphi}{2\sin \varphi}} \tag{1-7}$$

式中　　K_b，K_w——强度衰减系数；

g——与破裂区岩石性质相关的常数，取值区间为[0，1]，破坏偏脆性时靠近 1 取值，脆性偏弱时靠近 0 取值。

随后针对围岩变形破坏、稳定问题，我国众多学者开始应用弹塑性理论、黏弹性理论及相关学科知识开展研究。

孙均等[32]、陈宗基等[33]、王仁等[34]、朱维申等[35]，从(黏)弹塑性角度分析围岩的变形、应力分布和失稳问题，基于连续介质理论研究岩体，把岩体看作连续、均质、各向同性的材料来研究。经典力学著作以岩石弹性、塑性应力、变形作为主要内容，在弹性、塑性的范围内讨论了岩体力学问题[27,30,35-36]。20 世纪 60 年代，于学馥[37]创造性地提出了"轴变论"观点，采用连续介质理论，从弹性理论角度分析了围岩塌落的发生、发展过程，认为围岩破坏的原因是应力超过岩体弹性极限，轴比因塌落而改变，从而导致应力重新分布。

在考虑岩石变形、破坏过程中的弱化阶段和残余变形阶段的基础上，于学馥等[38]、袁文伯等[39]，把围岩视为线性弱化的理想残余塑性模型；刘夕才、林韵梅[40-41]采用莫尔-库仑屈服准则和非关联流动法则描述岩石的塑性扩容特性；付国彬[42]考虑了岩石的塑性应变软化和破裂区体积膨胀特性。

基于统一强度理论，范文等[43]推导出了硐室变形时围岩压力的统一解，修正的芬纳公式为其特例，其可以广泛应用于岩土类材料。当考虑中间主应力的影响时，可得出多组围岩压力和塑性松动圈半径。根据岩石力学性质试验结果和实际工程情况合理确定统一强度理论参数 b 和围岩压力，从而合理选择支护结构。由计算结果得出 b 值的选取对围岩压力影响较大而对塑性圈半径影响不大,基于统一强度理论分析了岩土类材料的软化和剪胀特性。

针对中间主应力对巷道围岩的影响,翟所业等[44]运用德鲁克-普拉格准则推导出了圆形巷道塑性区半径及应力的解析解,得到了在考虑中间主应力的情况下巷道围岩塑性区增大的结论。采用莫尔-库仑屈服准则,考虑岩石扩容膨胀和塑性软化的影响,马士进[45]、王永岩[46]等推导得出了轴对称软岩巷道弹塑性应力和变形的解析解,并将轴对称平面应变条件下的巷道围岩划分为弹性区、塑性硬化区、塑性软化区和塑性流动区,分析了各区的应力、应变、位移及其范围。

在理想弹塑性情况下,由于破裂和塑性区范围不能确定,在理论上可对应不同的围岩应力和变形状态。为了更准确地描述巷道破坏的实际情况,蒋斌松等[47]针对长的圆形巷道,将巷道围岩分成破裂区、塑性区和弹塑性区,采用莫尔-库仑准则,进行非关联塑性分析,获得其应力和变形的封闭解析解。

基于损伤理论,李忠华等[48]分析了不同地应力场情况下的圆形巷道围岩应力场[50];对于圆形巷道支护结构的荷载及其围岩应力方面,焦春茂等[49]给出了黏弹性解析解。

由于深部巷道覆存条件的复杂性,目前深部巷道围岩变形破坏特征的相关研究有待深入,大多数学者是以连续介质理论和理想弹塑性为基础开展研究的,对深部开采巷道围岩变形破坏过程中的围岩应力、变形、破坏机制以及破坏后的形态描述等非线性演化规律的相关研究还需进一步加强。

1.2.4 围岩变形破坏的物理模拟试验研究

针对巷道围岩的稳定性的研究从以下两个方面展开:一方面建立相应的数学模型开展理论分析、数值分析以及现场监测,另一方面进行室内相似材料物理模型试验,相似材料模拟被认为是一种易实施且较直观的分析手段。

早在20世纪70年代和80年代,意大利、美国、苏联、日本等国家都广泛开展了相似材料物理模拟试验。霍耶尔(R. E. Heuer)和享德伦(A. J. Hendron)等进行了静力条件下的地下硐室围岩稳定性物理模拟试验,首次系统地对相似试验的理论、相似条件的建立方法和相关的试验技术进行分析,同时对均质岩体、块状岩体和节理岩体中的硐室的稳定性进行了物理模拟试验;日本学者开展了锚杆对硐室的加固效应等的物理模拟研究。

20世纪90年代之后,随着数值计算技术的快速发展,相应的数值计算软件不断开发研制出来,其具有省时、省工的优点,灵活地修定参数得到不同的影响结果,这使得物理模拟试验研究受到了挑战。但针对复杂的岩土工程问题,数值模拟计算的结果很难作为现场设计依据。模拟各种复杂的地质和边界条件时,物理模拟试验能全面、形象地将地下工程中的应力、变形机制、破坏机理反映出来,这是很多数值模拟软件所不能及的。

国内外学者针对相似材料模拟理论方面展开了大量的研究,如日本学者江守一郎[50],我国学者林韵梅[51]、李鸿昌[52]、崔广心[53]等系统地研究了相似材料、相似模型的理论和方法。茆诗松等[54]、陈希孺等[55]介绍了模拟试验中数据的整理和回归分析。王宏图等[56]采用因次分析理论对处于弹性和黏弹性状态下的单一岩层和复合层状岩体模拟试验的相似关系进行了分析,并确定了各物理量之间的相似关系。

随着地下工程的建设和发展,地下工程的变形破坏机理等方面的研究也开始应用相似材料试验来分析。在变形机理方面,很多学者以平面模型为重点进行了大量的研究。

G. Everling[57]、陈炎光等[58]先后采用先开挖后支护加载条件来模拟分析巷道的变形。朱德仁等[59]利用平面应变模型试验台系统,研究了多种支护条件下煤巷帮部的变形破坏特征和水平应力对煤巷帮部变形破坏的影响。翟路锁[60]采用平面应变相似材料模拟试验对构造裂隙煤岩体巷道稳定性进行分析,分析了不同荷载作用下的不同支护方案时的巷道变形、破坏状况,对巷道裂隙产生、贯通开裂的演化及巷道围岩的位移变化规律进行了研究;张东明[61]利用自行研制的平面应变加载系统研究了红色泥砂岩在平面应变加载条件下的变形局部化行为及其失稳破坏机理。

近年来,三维相似模拟试验随着相似材料试验方法及设备的不断改进和发展,也取得了较大进步。胡耀青等[62]对太原市东山煤矿一采区带压开采的模拟就是采用大型三维固-流耦合模拟试验台进行的三维模拟,对煤层顶板、底板的应力、位移的变化规律进行了分析;运用相似模拟理论,郜进海等[63]针对巨厚薄层状复合顶板进行了大比例三维巷道相似模拟试验。这些模拟试验其实并非真正意义上的三维物理模拟,是由于所采用的试验设备侧压力系统还不够完善,仅采用侧向约束产生侧向力,没有实现真三轴加载。

近年来,针对深部开采巷道的相似材料模拟研究不断增加,如李仲奎、徐千军等运用Instron 8506型动态材料试验系统对复杂节理裂隙岩体真三维卸载过程中的力学性能进行了模拟试验研究,分析了不同的节理面与主应力方向夹角、节理面间距及节理连通率等,考虑了各种不同卸载过程对节理岩体性质的影响[64-66];张强勇等[67]以淮南矿区煤矿深部巷道为工程背景,通过相似材料三维地质力学模型试验对深部巷道围岩分区破裂的形成过程进行了模拟,分析了巷道围岩的破裂现象及其应变和位移的变化规律。马元[68]、陈坤福[69]利用地下工程综合模拟试验系统对深部巷道围岩变形破裂过程进行了初步研究,采用真三维立体模型物理模拟开挖卸载,研究了无支护、柔性支护下围岩的变形、破坏及支护平衡演化过程,获得了水平层状岩体结构巷道围岩支护作用机理。

尽管以上这些研究取得了较大进展,但是就深部巷道工程而言,由于研究问题的难度以及试验受当时研究条件所限,对深部巷道的开挖、破坏机制及破坏区形态的研究还不够深入,存在的问题主要有:① 大部分均采用"先开挖后加载"的试验方法,与实际不符;② 受试验条件限制,使用的相似材料模型尺寸较小和非真实三维模拟等;③ 铺设模型时均以水平分层为主,未能较全面地反映岩层覆存倾角变化对模拟结果的影响等;④ 对巷道开挖后围岩的变形破坏特征、关键部位破坏区形成机制及其形态的研究还不够深入。

1.2.5　围岩变形破坏的数值模拟研究

介质的非线性、各向异性、性质随时间和温度变化及复杂边界条件等在数值模拟方法中都能得到较好的考虑,弥补了经典解析法的缺陷。随着计算机的发展和计算技术的提高,数值模拟现已成为解决地下工程问题的重要工具。岩体介质数值分析方法主要分为两类:一类是连续介质力学的分析方法,如有限差分法、有限单元法和边界单元法;第二类是非连续介质力学的分析方法,如离散单元法、块体理论法、不连续变形分析法及数值流形元法等。非连续介质力学的数值分析的突出优点是适用于处理非线性、非均质和复杂边界等问题,从而解决了地下工程结构应力、变形分析中存在的困难,在岩土力学领域获得广泛的应用,已经成为分析地下工程围岩稳定性和支护结构强度计算的有力工具。目前常用的大型数值模拟软件主要有 ANSYS、ADINA、FLAC、UDEC、SAP、ABACUS、2D-σ、RFPA 等。

1.2.5.1 变形破坏数值模拟研究

在研究巷道围岩变形破坏方面,何满潮等[70-71]在复杂构造矿区,以数值模拟分析了富有复杂结构面的上覆围岩不连续变形特性,研究了结构面的空间分布特征和力学特征,以及不同的开挖过程对围岩变形特性的影响规律。孔德森等[72]选用 2D-σ 有限元计算软件对复合应力场中深部巷道围岩的稳定性进行了数值模拟,重点讨论了深部巷道围岩变形特征、塑性区发育特征、围岩应力分布特征和围岩破坏机理。

姜耀东等[73]对开滦矿区赵各庄矿、唐山矿深部开采过程中的巷道围岩变形、破坏特征和矿井动力显现特征进行了总结,结合数值模拟软件 FLAC^{2D} 分析了地应力状态对巷道围岩破坏的影响。

李宏业[74]根据金川二矿 1 150 m 埋深的工程实际情况,采用 ANSYS 建立了 9 个模型,分别对返修巷道的形状、支护方案以及围岩中夹层对巷道稳定性的影响进行了模拟分析,指出:巷道的形状和巷道周边的应力分布对巷道的变形有较大的影响;巷道中出露的夹层和结构面对巷道稳定性的影响比较大,是巷道支护中的薄弱环节。

刘传孝等[75]采用三维离散元法对高应力区巷道围岩破碎范围的变化规律进行了数值模拟分析,得出高应力区巷道两帮围岩的水平位移总体上呈均匀、对称、方向相反的分布规律,并通过实践定性地验证了三维离散元法的理论研究成果。

张后全等[76]应用岩石破裂过程分析系统 RFPA^{2D} 对水平侧压力系数为 0.15 的水平圆形巷道围岩破坏形式进行了数值模拟,直观再现了巷道围岩的应力场分布和裂纹演化进程,通过开掘不同形状的巷道断面来降低周边围岩应力集中程度,采用柔性支护、延时支护等多种被动加强支护方法来维持巷道围岩的稳定性。

张哲等[77]利用岩石破裂分析软件 RFPA^{2D} 对岩体中圆孔周边的变形及非线性渐近破坏特征、巷道周边关键部位的应力变化进行了分析,研究了应力场中侧压力系数对围岩应力场分布的影响。

解联库等[78]利用 RFPA^{2D} 对巷道围岩在侧向压力作用下围岩应力分布状态和围岩非线性渐进破坏机理进行了模拟研究,分析了巷道围岩的变形破坏过程。

朱万成等[79]利用 RFPA^{2D} 模拟了不同侧压力系数时动态扰动触发深部巷道失稳破裂的整个过程,并提出了动态扰动触发巷道岩爆的力学机制。

马元等[80]利用 RFPA^{2D} 对受采动影响的巷道围岩变形破坏机理进行了研究,并提出了"卸压与整体支护"的支护思路。

甄红峰等[81]利用细观损伤力学基本原理,建立了高地应力区围岩稳定性分析的细观损伤力学模型,对围岩破坏全过程进行了模拟分析,并引入等效模型的概念,对破损区域内围岩在破坏前、后分别建立等效模型,进行数值力学试验。

李小军等[82]利用 RFPA^{2D} 对矩形巷道开挖后的应力分布、裂缝形成和发展及最终破坏模式进行了数值分析,得到了不同条件下矩形巷道的破坏规律。

王其胜等[83]利用 FLAC^{3D} 分析了深部软岩巷道开挖后和原支护形式下围岩破碎区、塑性区范围和应力、位移分布状况。

1.2.5.2 围岩承载结构的数值模拟研究

深部巷道围岩中原岩应力高,调动围岩的自身承载能力才能维持巷道的稳定。为了研究巷道围岩的自承载能力,通常将承载结构分为巷道支护承载结构和巷道围岩承载结构。支护承载结构指锚固体、注浆体及支架等巷道支护结构;围岩承载结构指巷道围岩应力峰值线附近,以部分塑性硬化区和软化区岩体为主体组成的承载结构。

近年来,对巷道围岩承载结构的研究成为一个重要研究领域,李树清等[84]应用岩石峰后应变软化本构模型对深部巷道进行了数值模拟研究,分析了深部巷道与浅部巷道围岩承载结构的差别,探讨了不同支护阻力对深部巷道围岩承载结构的影响。

何满潮等[85]将巷道周边岩体分为 4 个区,即塑性流动区、塑性软化区、塑性硬化区和弹性区,塑性硬化区是围岩的承载主体,塑性软化区和塑性流动区是实施支护的对象。

杨超等[86]计算分析了不同支护阻力对围岩变形的影响,得出结论:① 硬岩巷道中支护阻力主要是控制塑性区的范围;② 软岩巷道中支护阻力提供围压,影响周边岩体的软化性,遏制围岩破坏区的发展,从而控制围岩的变形。

王卫军等[87]针对深井煤层巷道围岩破坏特征和支护失败原因进行了分析,提出了该类巷道的内外结构耦合平衡支护原理。即对深井煤层巷道的围岩控制,必须有较高强度的支护结构参数与巷道开掘后围岩应力的调整过程,减小围岩内部煤体强度损失,在巷道周围尽快形成稳定的内部承载结构,这样才能缩小围岩塑性流动区的范围,维持巷道的稳定。利用FLAC对不同埋深条件下的无支护巷道的塑性区分布及黏聚力软化区分布进行了模拟分析。

1.3　巷道围岩控制理论及支护技术研究现状

1.3.1　控制理论研究

在巷道围岩控制理论方面,国内外学者提出了很多控制围岩变形破坏的理论,如冒落拱理论、能量支护理论、应力控制理论、轴变论、主次承载支护理论、围岩松动圈理论及锚杆支护理论等。

冒落拱理论的实质是在松散介质中开掘巷道,在巷道的上方形成一个抛物线形自然平衡拱,冒落拱高度与井巷跨度和围岩性质密切相关,提出了巷道围岩具有自承能力观点是该理论的最大贡献[88]。

奥地利工程师 L. V. Rabcewicz[89-90]在 20 世纪 60 年代提出的新奥法(NATM)的核心内容是:充分调动围岩的承载能力,促使围岩本身成为支护结构的重要组成部分,使围岩与支护体共同形成稳固的支承圈。该方法在很多国家得到成功应用。

能量支护理论[91-92]是 20 世纪 70 年代 M. D. Salamon 等提出的,其认为支护结构与围岩相互作用、共同变形,在围岩变形过程中释放一部分能量,支护结构吸收一部分能量,但总的能量没有变化。因此,主张利用支护结构的特点,使支架自动调整围岩释放出的能量和支护体吸收的能量,自动释放多余能量是支护结构的特征。

围岩弱化法、卸压法等源于苏联的应力控制理论[93-94],其基本原理是采用一定的技术手段改变部分围岩的物理力学性质,从而改善围岩内的应力、能量分布,采用人工手段将支撑压力区围岩的承载能力降低,将支撑压力逐渐向围岩深部转移,以此来提高围岩稳定性的一种方法。

陈宗基[95]20 世纪 60 年代在大量工程实践的基础上总结出了岩性转化理论,其认为同样的矿物成分、结构形态,在不同工程环境条件下将产生不同的应力、应变,并形成不同的本构关系。以坚硬的花岗岩为例,在高温、高压工程条件下,花岗岩会产生了流变、扩容,同时指出岩块样本的各种测试结果与岩体的工程设计应有明显区别。他强调岩体是非均质、非连续的介质,岩体在工程条件下形成的本构关系并非是简单的弹塑、弹黏塑变形理论的数学模型。

于学馥等[96]提出了"轴变论"理论,认为巷道坍落后可以自行稳定,其可以用弹性理论来分析。围岩破坏是应力超过岩体极限强度引起的,坍落改变巷道轴比而导致应力重分布。应力重分布的特点是高应力下降,低应力上升,并向无拉力和均匀分布发展,直至稳定。应力均匀分布的轴比是巷道最稳定的轴比,形状为椭圆形。近年来,于学馥等运用系统论、热力学等理论提出开挖系统控制理论,该理论认为开挖扰动破坏了岩体平衡,此不平衡系统具有自组织功能。

方祖烈[97]以岩石分区碎裂化现象为基础提出了主次承载区支护理论。该理论认为:开掘巷道后,在巷道围岩中形成拉压域;压缩域在围岩深部体现了围岩的支撑能力,是维护巷道稳定的主承载区。张拉域分布于巷道周围,通过支护加固,也有一定的承载力,但其与主承载区相比,起辅助作用,故称为次承载区。主、次承载区的协调作用决定巷道最终稳定。支护对象是张拉域,支护结构与支护参数要根据主、次承载区相互作用过程呈现的动态特征确定。

董方庭等[98]以开挖巷道后的围岩状态为出发点,通过理论分析和大量现场实测,提出了巷道围岩松动圈支护理论,在煤矿巷道支护中得到了广泛应用。该理论认为:巷道支护的主要对象为碎胀变形压力,可按照松动圈的大小来设计支护参数。若松动圈较小,围岩碎胀变形也较小,支护较容易;若松动圈较大,由此产生的碎胀变形量也较大,支护困难;支护的目的是防止围岩松动圈发展过程中产生变形。

何满潮等[99]采用将工程地质学和现代大变形力学相结合的方法,提出了软岩工程力学耦合支护理论,认为软岩巷道围岩由于塑性大变形从而产生变形不协调部位,可采用耦合支护方法使其变形协调,达到限制围岩产生有害的变形损伤破坏,实现支护一体化、荷载均匀化,使巷道稳定的目的。

朱效嘉[100]、郑雨天等[101]提出了锚喷-弧板联合支护理论,该理论是对联合支护理论的发展。其认为总是强调卸压是不行的,对于巷道支护,一味追求提高支护刚度是不行的,要先柔后刚、先抗后让、柔让适度,卸压到了一定程度时要进行强制抵抗,采用高标号、高强度钢筋混凝土弧板作为先柔后刚的刚性支护形式,坚决限制和顶住围岩向中空位移。

樊克恭等[102-104]对巷道围岩弱结构破坏失稳过程和非均称控制进行了全面、系统的论述,研究了不同弱结构类型的巷道围岩塑性变形区域形态与围岩弱结构类型之间的关系,其指出弱结构体破坏对巷道稳定性的影响,同时提出了弱结构巷道围岩破坏主控性与非均称控制机理。

传统锚杆支护理论包括悬吊理论、组合梁理论、组合拱理论和最大水平应力理论等,分别解释了特定条件下的锚杆支护作用机理,对锚杆支护作用有了不同程度的认识,至今其对特定条件下的巷道锚杆支护设计仍然具有指导意义,其对推动锚杆支护技术的发展起到了重要的作用。

锚杆支护悬吊支护的作用是将直接顶悬吊到上覆坚硬岩层上。在软弱的围岩中,巷道开挖后围岩应力重新分布,出现松动的破碎区,并在其上部形成自然平衡拱,锚杆支护作用是将顶板下部松动破碎的岩层悬吊在自然平衡拱之上。

组合梁理论认为锚杆端部锚固提供的轴向力将对岩层离层产生约束,并且增大了各岩层之间的摩擦力,与锚杆杆体提供的抗剪力共同阻止岩层间产生相对滑动。锚杆将各层岩层夹紧形成组合梁,组合梁厚度越大,组合梁的最大应变就越小。

根据组合拱理论,当在松散破碎的岩层中安装锚杆时,假定锚杆间距足够小,锚杆共同作用形成的锥体压应力区间相互叠加,将在岩体中产生一个均匀的压缩带来承受荷载。锚杆支护作用是形成较大厚度和较高强度的组合拱,拱内岩体受径向应力和切向应力约束,处于二向的应力状态,从而大幅提高岩体承载能力,组合拱厚度越大,越有利于围岩稳定。组合拱理论充分考虑了锚杆支护的整体作用,其在软岩巷道中得到了较广泛的应用。

陆士良等[105]研究了锚杆锚固作用机理,其认为锚杆支护一般应在巷道开挖完成后实施,此时的围岩弹塑性变形已经完成,锚杆产生锚固力是围岩的峰后剪胀变形引起的,随着剪胀变形的逐渐发展,锚杆在径向和切向两个方向上产生支护阻力。锚杆的锚固作用使围岩在较高应力状态下获得稳定,达到平衡状态[106]。

侯朝炯等[107-109]提出围岩强度强化理论,其包括:① 锚杆支护的实质是锚杆与锚固区域岩体相互作用组成锚固体,形成统一的承载结构体;② 锚杆支护将提高锚固岩体的弹性模量、黏聚力及内摩擦角等参数,从而提高锚固岩体的力学性能;③ 巷道围岩内部存在破碎区、塑性区和弹性区,锚杆的锚固区域岩体峰值强度、峰后强度及残余强度均能得到强化;④ 锚杆支护将改变围岩的受力状态,增大围压,提高围岩的承载能力,从而改善巷道支护状况;⑤ 巷道围岩锚固体强度提高后,将会减小巷道围岩破碎区、塑性区范围以及巷道表面位移,控制围岩的破碎区、塑性区扩展,最终有利于巷道围岩稳定。

近年来,随着锚注支护的推广应用,"一次支护让压、二次支护加强支护"的二次支护理论得到了较大的发展,并成功应用于工程实践中。

1.3.2 支护技术研究

1.3.2.1 围岩支护技术(被动支护)

棚式金属支架是巷道支护中最常用的被动支护手段,通过提供被动的径向支护阻力,其直接作用于巷道围岩表面,来平衡围岩变形压力,从而约束围岩变形[110]。

国外棚式支护发展的特点:

① 由原始的木支架向金属支架发展,由刚性支架向可缩性支架发展;

② 重视巷旁充填和壁后充填,完善了拉杆、背板,提高了支护质量;

③ 由刚性梯形支架向拱形可缩性支架发展,研制和应用非对称性可缩性支架。

国内巷道棚式支护也取得了很大进步:

① 支架材料主要是矿用工字钢材和U形钢材,并已形成支护系列;

② 研究和发展了力学性能较好且使用可靠、方便的连接组件;

③ 研究、设计了多种新型实用可缩性金属支架;

④ 提出了确定巷道断面和选择支架的方法;

⑤ 改进了支架本身的力学性能,提高了支架承载能力。

1.3.2.2 围岩加固技术(主动支护)

锚杆(索)支护作为一种植入围岩内部的主动支护方式,不仅给巷道围岩表面施加托锚力起到支护作用,还给锚固体施加一定的约束以控制围岩变形,使岩强度得到提高,达到加固和控制围岩变形的目的[111]。

美国是使用锚杆支护技术最早的国家之一,澳大利亚、英国、德国等国家煤矿行业广泛使用了锚杆支护,较好地控制了煤矿巷道顶板、两帮等变形破坏问题。我国煤矿从1956年开始使用锚杆支护,最初是应用于岩石巷道,20世纪60年代开始在煤巷中试验应用,现已被广泛应用以控制围岩变形。

注浆加固技术是一种较好的围岩加固技术,能够显著改善工程岩体的力学性能及其完整性结构[111-112],促使围岩形成整体结构,且能封堵裂隙,起到防止岩体泥化和风化的作用,同时能够改善锚杆和金属支架的受力状态,在浆体材料使用得当的前提下,使受保护围岩体充分发挥自身承载能力,在软岩巷道工程中得到了广泛应用。

1.3.2.3 联合支护技术

联合支护技术是指将多种不同性能的单一支护简单叠加;复合支护技术是指几种支护形式的组合或者采用复合材料进行巷道支护;耦合支护技术是指对由于塑性大变形而产生变形不协调的软岩巷道围岩部位,通过支护的耦合使巷道围岩变形协调,从而限制围岩产生的有害变形和损伤,实现围岩-支护一体化、荷载均匀化,从而使巷道稳定[113]。

联合支护技术最初仅为各类支护体的简单叠加,随着联合支护理论研究的不断深入,逐渐由简单的支护方式叠加,改进为多种支护方式的联合、耦合,且在软岩巷道工程实践中进行了大量应用[114]。目前联合支护技术在支护方式的选择上主要为各种主动支护方式联合,如锚杆+锚索、锚杆+锚注等;特殊情况下有主被动方式的联合,如碹体+锚杆(索)、金属支架+锚杆(索)、金属支架+锚注等。

针对深部巷道围岩的变形破坏特点,已形成以锚杆支护体系为主,以锚索和注浆动态叠加,架棚和卸压等技术为辅的深部巷道围岩支护技术,同时也强调对破碎软弱结构等关键部位进行加强支护的方法。

1.4 本书主要研究内容

总结分析煤矿深部开采巷道围岩变形破坏的理论研究、物理模拟试验研究、数值模拟研究以及巷道围岩控制技术的发展过程而知:虽然目前针对深部开采巷道围岩变形破坏机理和巷道支护技术的研究取得了一定成果,但随着煤炭开采不断向深部发展,随之而来的问题越来越突出,有关煤矿深部开采巷道的稳定性研究还需要进一步探讨研究,需针对深部巷道受高地应力作用发生的变形破坏特征、巷道破坏后围岩塑性区的形态描述及深部开采巷道围岩支护技术进行深入研究。

针对煤矿深部巷道稳定性的物理模拟主要以平面模型为主,少量三维物理模拟以水平层状岩体为主,而实际的岩层覆存是有一定倾角的,并不是完全水平的。同时对于所模拟的巷道开挖过程中和开挖后围岩应力状态的研究还不够深入,开挖巷道后围岩变形破坏特征和破坏区的位置及其形态需进一步研究,有助于指导生产实践。

在数值模拟方面,虽然国内外学者针对巷道围岩的变形破坏进行了大量研究,但对于受深部开采条件下的不同侧压力系数和岩体残余强度指标——内聚力等影响的巷道围岩塑性区分布特征还需进一步探讨分析。

在深部开采巷道支护技术方面,目前对支护工艺和支护效果评价的研究较多,对支护机理、支护对变形破坏后的巷道围岩体的力学性能的改良、支护策略以及支护参数设计研究得不够深入。

因此,通过深入研究煤矿深部开采巷道变形破坏特征和塑性区范围,探索煤矿深部开采巷道合理的支护方法,从而解决严重影响深部开采巷道围岩稳定性的安全问题和经济效益问题,具有重要的理论价值和实际应用价值。

本书的研究是结合国家自然科学基金面上项目"深部巷道围岩变形、破坏全过程及稳定控制机理"(项目编号:50674083)以及山东郓城煤矿委托项目"深井高应力巷道围岩破坏机理与控制技术的研究"而开展的,主要包括以下几个方面内容:

(1)利用国内唯一的大尺度真三维相似材料模拟综合试验系统,以及与之配套的模型内部应力和变形量测系统,对煤矿深部开采巷道围岩破坏过程进行相似材料物理模拟,研究试验模型分级加载规律和先加载后开挖巷道围岩的二次应力分布规律,获得高水平应力作用下不同支护形式时的深部开采巷道围岩变形破坏特征。

(2)通过相似材料模型试验获得高水平应力条件下巷道围岩破坏特征,利用岩体力学、弹塑性力学、断裂力学等相关理论对深部开采巷道围岩变形破坏机理和破坏形态进行研究。

(3)利用钻孔摄像系统对深部开采的郓城煤矿已掘巷道围岩的变形破坏特征进行观测,与理论分析结果进行对比验证。

(4)分析深部开采巷道开挖后围岩塑性区范围的影响因素,利用 FLAC^{3D} 数值模拟软件,对比分析物理模拟结果与数值模拟结果的吻合度,模拟分析不同侧压力系数和不同围岩残余强度时巷道围岩塑性区范围及分布规律。

(5)结合物理模拟、理论分析、现场实测和数值模拟结果,研究针对煤矿深部开采巷道围岩变形破坏的控制技术。

(6)控制技术工程实际应用。

1.5 研究方法及技术路线

本书的总体研究思路:以煤矿深部开采巷道为研究对象,采用现场实测、物理模拟、数值模拟、理论分析以及现场应用验证相结合的技术路线,深入研究煤矿深部巷道围岩变形破坏特征;结合物理模拟和现场巷道变形破坏特征,研究围岩破坏区的形成机理,通过数值模拟分析不同条件下的巷道围岩塑性区分布规律;基于以上分析,研究深部巷道围岩控制理论,从而提出适合深部巷道围岩的控制技术和支护方案。

本书的具体研究技术路线如图 1-3 所示。

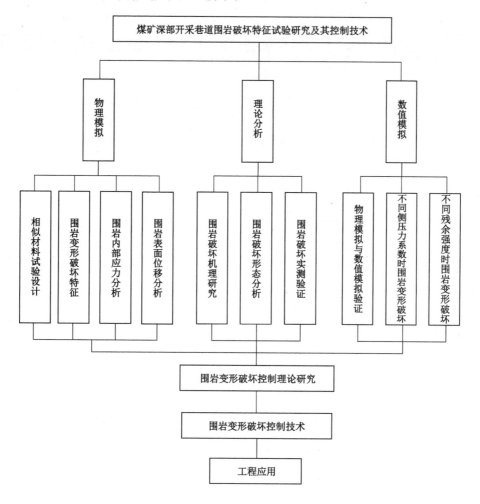

图 1-3 研究技术路线

2 深部开采工程特点及围岩变形破坏现象

经济快速发展,对煤炭资源需求量不断增大,促使煤炭开采强度不断增大,使国内外煤矿相继进入深部开采。由于浅部岩体与深部岩体所处的应力场、温度场等不相同,产生的工程灾害也不完全相同,比如矿山压力显现加剧、巷道围岩大变形、矿井冲击地压、工作环境温度高等,对深部煤炭资源的安全高效开采造成了巨大威胁。

2.1 深部岩体与浅部岩体的工程性能差别

深部开采高地应力问题是岩石工程的基本问题之一,在高应力作用下,深部岩体的力学特性明显区别于浅部岩体,浅部岩体主要表现为脆性破坏,深部岩体则主要表现为延性破坏。这些区别体现在影响岩体特征的关键因素、表现形式、强度参数、计算分析方法等方面,见表 2-1。

表 2-1 深部和浅部工程岩体差别[115]

类别	浅部工程岩体特征	深部工程岩体特征
关键因素	结构面几何参数,结构面强度	岩体地应力水平,岩体强度
表现形式	块体破坏	剧烈破坏,包括岩爆、塑性大变形
地质调查	结构面分布和强度特征	岩体力学参数和地应力状态
强度参数	低围压条件下的低黏结强度和高摩擦强度	高围压条件下的高黏结强度和低摩擦强度
岩体特性	结构面控制的非连续性	岩体非线性
计算分析方法	连续力学方法	非线性力学方法
工程布置	避免与主要结构面形成不良几何关系	避免与结构面及最大主应力形成不良几何关系
爆破影响	控制爆破,减少扰动	特高应力条件下可能需要增加扰动以解除高应力
加固方式	针对结构面的刚性加固	针对高应力的抗爆、适应变形加固
加固时机	及时加固,避免松弛	既允许岩体松弛,又维持必要的强度

深部岩体由于其变形特点、高应力状态的临界特点、其结构与介质的含能特点,其物理力学性能与浅部岩体相比显著不同[116-120]。

(1)浅部岩体由于所受的应力比较低,其变形特性主要为脆性,深部岩体由于所受到的应力高,其变形特性往往表现为延性。在深部高应力环境下,岩石具有强时间效应,表现为明显的流变或蠕变。

（2）浅部岩体的破坏机理为脆性性能或断裂韧度控制的破坏，深部岩体的破坏机理为由侧向应力控制的断裂生长破坏。

深部和浅部地下工程实践之后获得的基本认识见表 2-2。对岩体应力水平、岩石强度特征、岩体的完整程度进行总结，其中岩体完整程度用岩体分类指标 RMR 表示。

表 2-2 地下工程岩体不同应力水平下的破坏特性[115]

	完整岩体 （RMR>75）	块状岩体 （50<RMR<75）	破裂岩体 （RMR<50）
低初始 应力水平	线弹性响应	块体滑动破坏	块体在开挖面的 散体型破坏
中等初始 应力水平	邻近开挖面的 脆性破坏	咬合部位的局部脆性破坏和 块体滑动	咬合部位的局部脆性破坏和 沿结构面的散体型破坏
高初始 应力水平	绕开挖面的脆性破坏	完整岩石的脆性破坏 和块体滑移	岩石的挤压与鼓胀， 呈连续体特性

2.2 深部开采的工程特点

煤矿深井开采中的煤岩体处于高应力状态，地压显现与浅部工程有很大的不同，主要表现在应力场、温度场、巷道变形、支护难易程度等方面。

2.2.1 应力场特点

《工程岩体分级标准》(GB/T 50218—2014)中规定了岩石饱和单轴抗压强度与垂直于洞轴线方向的最大初始地应力比值在4～7之间的为高地应力[121]，而工程实践中大多数将初始地应力大于20 MPa的地层认为是高地应力区[122-124]。与一般的地应力作用相比，高地应力作用下岩体力学行为表现出固有的特殊性，其变形破坏的现象和机理是极其不同的：能量的突然释放造成围岩瞬间破损；岩体破损时瞬间变形大，往往还具有一定的动能；硐室开挖引起原来处于高压缩状态的岩体节理或裂隙张开，扩展甚至贯通，导致破损区内的力学性能发生明显改变，如弹性模量和黏聚力的降低[125-126]。煤矿深部巷道围岩处于高应力状态，地压显现，与浅部巷道有很大的区别。浅部相对较硬的围岩，到达深部后成为"工程软岩"，表现出强烈的扩容性和应变软化特征，巷道岩体强度降低，巷道与支护体破坏严重，特别是不良岩层巷道掘进与支护困难[127]。

根据现有的地应力资料，深部岩体的形成历史久远，存在构造应力场或残余构造应力场。二者叠加累积为高应力，在深部岩体中形成了异常的地应力场。根据南非地应力场测试结果，在3 500～5 000 m之间，地应力为95～135 MPa，在如此高的应力条件下进行开挖将面临巨大且严峻的挑战[128]。

通常地应力随着深度的改变而发生变化，不但地应力的大小随着埋深改变，而且方向也发生变化。从国内外学者对测得的地应力数据分析来看，在1 000 m以上的深度，水平方向的主应力大于垂直方向的主应力，然而在1 000 m以下的深度，垂直方向的主应力大于水平方向的主应力。布朗与霍克研究了世界上116个现场地应力数据，得出水平方向应力平均值与垂直方向的应力平均值之比(k)与深度(Z)的关系曲线如图2-1所示，关系式为：

$$\frac{100}{Z} + 0.3 \leqslant k \leqslant \frac{1\,500}{Z} + 0.5 \tag{2-1}$$

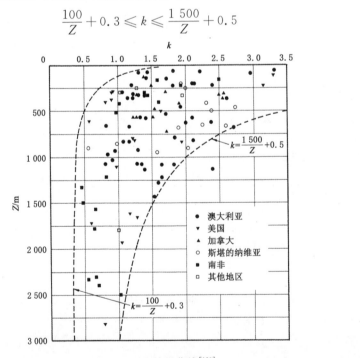

图 2-1　k-Z 关系曲线[129]

由图 2-1 可以看出:采深在 1 000 m 以内时,水平应力与垂直应力的比值在 0.5～3.5 之间,而采深大于 1 000 m 时,水平应力与垂直应力的比值逐渐趋于 0.5～2.0。

中国科学院武汉岩土力学研究所以典型的煤矿深部开采矿区——淮南矿区为例进行了原岩应力场测试研究,典型地段测试结果见表 2-3。

表 2-3 淮南矿区原岩应力场测试结果[130]

矿井名称	测点水平/m	最大水平主应力 σ_h/MPa	垂直应力 σ_v/MPa	侧压力系数 λ
谢一矿	-780	19.50	13.20	1.50
潘三矿	-750	23.62	20.10	1.20
潘一矿	-750	21.60	19.65	1.10
望峰岗矿	-820	25.00	21.30	1.15
顾北矿	-648	19.70	17.80	1.11
顾桥矿	-780	19.90	17.8	1.12
新庄孜矿	-612	16.22	14.40	1.12
刘庄矿	-760	27.30	22.60	1.40

由表 2-3 可以看出:淮南矿区深部-750～-820 m 处的最大水平主应力一般超过 20 MPa,最高达 25 MPa,说明原岩应力为高应力状态。侧压力系数均大于1,说明水平构造应力对巷道稳定性的影响大于自重应力的影响。

针对巨野煤田郓城煤矿的地应力场特征,采用水压致裂法和应力解除法进行了实测,综合两种方法的结果,侧压力系数均大于1,在 1.2～2.0 之间,说明水平应力大于垂直应力,水平应力对巷道的稳定性影响较大。

2.2.2 温度场特点

存在高温热害是深部矿井开采过程中的主要特点之一,淮南矿区是我国热害最严重的深井矿区之一,其中潘三煤矿在采深 680 m 处岩温为 32.3～37.6 ℃,地温梯度为 2.6～3.8 ℃/100 m。新汶矿业集团的孙村矿平均岩温达到了 42 ℃,徐州三河尖煤矿在不同开采水平岩温变化明显。不同矿区的地温梯度变化很大,同一矿区,甚至同一矿井的不同地段的地温梯度也不完全相等。工人长期在如此高温环境中工作,严重影响工人的健康和劳动生产率。表 2-4 为我国部分深热矿井地热统计资料,可以看出我国深井热害问题严重,随着开采深度的增大,深井热害问题将更加突出。

表 2-4 我国部分深热矿井地热统计资料

矿区名称	矿井名称	开采水平(实际采深)/m	岩温/℃	地温梯度/(℃/100 m)
新汶	孙村矿	-800(1 000)	42.0	2.20
长广	七矿	-850(900)	41.0	
北票	台吉	-722	33.4	2.70

表 2-4(续)

矿区名称	矿井名称	开采水平(实际采深)/m	岩温/℃	地温梯度/(℃/100 m)
淮南	潘一	550	35.0	3.6~3.8
	潘三	680	32.3~37.6	2.6~3.8
	九龙岗	830	31.6	1.82
	谢李深部	990	27~32.5	1.1~1.6
	顾桥矿	681	34.7~40.0	3.10
	张集矿	625	31.0~36.6	3.50
	新庄孜	574	26.8~27.3	1.4~1.6
徐州	三河尖	-700	37.7	3.24
		-860	43.9	3.24
		-980	46.8	3.24

2.2.3 矿压显现特点

随着地下开采深度的增大,原岩地应力越来越大,原岩应力主要取决于岩层的自重,巷道原岩应力与矿井的开采深度呈线性关系,所以采深越大,原岩应力越大。深部巷道开掘以后,除受到原岩应力的作用外,还受到开挖影响,产生应力集中。深部巷道矿压显现的特点主要有:

(1)巷道的围岩应力通常都超过巷道的围岩强度,尤其远高于煤层巷道和软岩巷道的围岩强度,所以无论是矿井主要大巷还是采准巷道以及巷道是否受到采动影响,矿压显现都比较强烈。

(2)巷道不仅在掘进和回采过程中因应力扰动而引起大围岩急剧变形,还在应力重新分布趋于稳定后仍持续不断地流变。

(3)围岩性质和结构对巷道矿压显现的影响程度随着采深的增大而增大。

(4)深部巷道压力具有来压迅猛和四周同时来压特点,导致围岩变形、压力大及底鼓强烈。随着采深增大,巷道更易底鼓,而且底鼓量在顶底板移近量中所占的比例越来越大。

2.3 深部开采巷道围岩变形破坏现象

随着煤炭开采强度的增大,开采深度越来越大,作业环境中的地应力水平越来越高,特别是残余构造应力大的地区,大部分岩体在深部高应力状态下具有大变形、高地压、难支护等特点。

(1)巷道变形量大、变形速度快且持续变形

由于深部开采巷道围岩压力较大,巷道掘成之后围岩变形速度较大。随着时间的增加,变形速度递减,但是围岩仍以较大的速度变形且持续时间长,如果不及时采取有效的支护措施,当巷道变形量超过支护结构的允许变形量时,支护结构承载能力下降,围岩变形速度急剧增大,最终导致巷道失稳破坏。随着巷道的掘进,巷道围岩基本处于破裂状态,且巷道围

岩破裂范围较大,变形随着巷道埋深变化。

研究表明:随着巷道埋深的增大,巷道变形量近似呈线性增大,从采深600 m开始,开采深度每增加100 m,巷道顶底板相对移近量平均增加10%～11%,如图2-2所示。

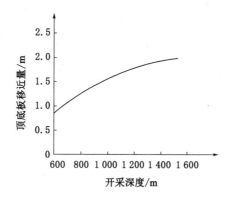

图 2-2 顶底板移近量与开采深度的关系曲线

深部高应力环境下,岩体储备了较高的能量,巷道开挖后的卸荷作用使岩体中积聚的能量在较短时间内释放出来。深部围岩最大主应力与最小主应力差有增大趋势,如平煤集团800 m深处的地应力测量表明:最大主应力、最小主应力分别为29.7 MPa、6.6 MPa,主应力差高达23.1 MPa,致使剪应力增大,围岩破坏加速。工程表现为巷道掘进过程中冒顶片帮概率及规模增大,巷道支护后支护体变形迅速,同等条件下煤层巷道从埋深500 m开始,埋深每增加100 m,巷道变形速度和变形量平均增加20%～30%;埋深为1 000 m时的巷道失修率是埋深500～600 m时的3～15倍。如某矿掘进埋深1 100 m的巷道,底鼓量达0.8 m/d;深部回采巷道,前掘后修已成为巷道施工的基本工序,严重影响矿井掘进速度,制约矿井安全生产。

(2)流变已成为深部巷道变形的主要特征

进入深部开采以后,原岩应力明显增大,巷道开挖引起原岩应力重新分布,同时在高温、高地应力、高孔隙压力的影响下,围岩变形具有明显的流变特性。流变特性包括蠕变、弹性后效、流动等,具体表现为结构面的闭合和滑移变形。蠕变是指应力为定值,应变随时间的增加而增大的现象;弹性后效是指加载后经过一段时间应变才增大到应有数值的现象,是一种延迟发生的弹性变形;流动又有黏性流动和塑性流动之分,是一种随时间增加而发生的永久变形,其中黏性流动是指在微小外力作用下发生的永久变形,塑性流动是指外力达到围岩屈服极限后才开始产生的塑性变形。当围岩变形达到一定程度以后,便会导致巷道失稳破坏。

(3)巷道底鼓严重

深部开采巷道底鼓现象普遍。底鼓是巷道围岩在垂直方向变形的主要形式。深部巷道不但会发生顶板下沉,两帮内移,而且底鼓。据国内外部分深井资料的统计分析表明:随着开采深度增大,易产生底鼓的巷道比例越来越大;底鼓量在顶底板相对移近量中所占的比例随着开采深度增大而增大。

2.4 本章小结

本章分析了深部岩体与浅部岩体工程性能的差别,从应力场、温度场、矿压显现三个方面论述了深部开采的工程特点,总结得出深部开采巷道围岩变形破坏具有变形量大、变形速度快、产生流变、底鼓严重等特征。

3　深部开采巷道围岩变形破坏
相似材料模拟试验

相似材料模拟试验是 20 世纪 30 年代由苏联库兹涅佐夫提出的,并且在全苏矿山测量和煤炭研究院中应用。在中国、德国、波兰、日本、澳大利亚、美国等国家,相似材料模拟试验也得到了广泛应用,发展至今已成为国内外矿业界一种重要的研究手段。

相似材料模拟试验是以相似理论、因次分析法、量纲分析法等作为依据的实验室研究方法[131-132]。其实质是用与原型力学性质相似的材料按几何相似常数缩制模型。在模型上开挖巷道或采场,以观察、研究巷道围岩或采场的变形与破坏等,或对模拟的支护结构进行测量,计算分析围岩作用在支护上的作用力,为设计各种类型的支护提供理论依据,或在模型中采用各种不同方法开挖巷道,对比分析各种方法对围岩变形破坏过程的影响,为改进巷道支护形式提供试验数据和理论基础。

3.1　试验原型条件

模拟对象为郓城煤矿 -860 m 水平井底车场附近的石门及电机车修理间绕道段,试验巷道埋深为 900 m,巷道所处地层为一单斜构造,东高西低,局部有起伏。地层走向 NNE、倾向 NNW、倾角为 $11°\sim16°$,位于 133 粉砂岩中。岩层硬度总体较大,两侧粉砂岩硬度较小,裂隙发育,具体见表 3-1 和表 3-2。

表 3-1　主要岩层的岩石物理力学参数

岩石名称	埋深/m	厚度/m	密度 /(kg/m³)	含水率 /%	抗压强度 /MPa	抗拉强度 /MPa	内摩擦 角/(°)	黏聚力 /MPa	泊松比
中砂岩	890.68	6.70	2 513	0.47	75.90	5.55	34	6.70	0.14
粉砂岩	892.70	6.50	2 582	0.72	66.40	3.37	29	4.20	0.14
细砂岩	907.70	18.00	2 548	0.47	77.10	4.35	39	2.90	0.19

表 3-2　岩性特征

层次	岩石名称	埋深/m	厚度/m	岩性特征描述
130	中砂岩	881.50	6.70	浅灰绿色,含长石、云母及暗色矿物,交错层理,夹粉砂质薄层,硬度大
131	粉砂岩	883.80	2.30	深灰绿色,块状,夹带泥质,具有不规则裂隙,充填硅质,硬度较小
132	细砂岩	886.40	2.60	浅灰色,薄层状,分选性差,见细小裂隙,半充填硅质,硬度大,局部硬度中等

表 3-2(续)

层次	岩石名称	埋深/m	厚度/m	岩性特征描述
133	粉砂岩	890.60	4.20	深灰色,以块状为主,含细砂质及泥质,硬度较小
134	细砂岩	906.00	15.4	灰色,薄层状,以石英为主,夹粉砂质及泥质薄层,见细小裂隙,硬度较大

该矿−860 m 水平井底车场附近的石门及电机车修理间绕道段,覆存深度达 900 m,巷道所处原始地应力场的垂直应力以及水平构造应力值均较高,侧压力系数达 1.9。上覆岩层所产生的垂直主应力和两个水平主应力分别为:

$$\sigma_v = \gamma h = 25 \times 1\,000 \times 900 \ (\text{Pa}) = 22.5 \ (\text{Pa})$$

$$\sigma_{h1} = K\sigma_h = 1.9 \times 22.5 \times 10^6 \ (\text{Pa}) = 42.8 \ (\text{Pa})$$

$$\sigma_{h2} = \sigma_h = 22.5 \ \text{MPa}$$

式中　γ——巷道上覆岩层平均密度,kg/m^3;

　　　h——巷道埋深,m;

　　　K——最大水平侧压力系数,根据实测,K 取 1.9。

3.2　相似准则

相似材料模拟试验主要研究的是原型与模型之间的相似,若两者相对应的各瞬间的所有物理量成比例,则在两个相似系统中,相同物理量之比称为相似比(或称为相似常数、相似系数),即原型物理量(p)/模型物理量(m)=相似比(C)。相似比由相似准则推导确定,一般包括几何相似比、应力相似比、应变相似比、位移相似比、弹性模量相似比、泊松比相似比、边界应力相似比、体积力相似比、材料密度相似比、材料重度相似比等。

相似材料模拟试验研究的是三维模型问题,而且具有复杂的地质构造,采用现代数学方法研究并未给出较满意的结果。三维物理模型很难满足原型与模型的相似性,更没有能够完整表达开挖过程中围岩变形与破坏的数学表达式,在这种情况下可以采用量纲分析的方法来确定相似准则。

岩体开挖时,围岩开始处于受力稳定平衡的状态,此时可把岩体看作微观连续介质。开挖过程中,应力发生变化,打破了这种平衡状态。微观连续介质开始出现弹性变形,最终达到破坏极限。在应力调整的过程中由于产生了一定的变形破坏,岩体应力重新分布,达到新的应力平衡状态。在变形破坏过程中,除了少量的弹性变形外,其余的变形量主要与以下一种或多种因素有关[55]:

(1) 沿岩石节理或裂隙的剪切位移;

(2) 充填物的收缩、压实或膨胀;

(3) 通过节理面间充填物的剪切位移;

(4) 岩块的移动或转动;

(5) 局部岩石的断裂或压碎;

(6) 节理与断裂面的开裂。

模拟试验中采用量纲分析法来确定相似准则,物理量见表 3-3。

表 3-3 模拟物理量及其量纲参数[69]

物理量	符号	MLT 量纲
x 轴方向位移	u	L_x
y 轴方向位移	v	L_y
z 轴方向位移	w	L_z
平均粒径	a	$L_x^{1/3} \cdot L_y^{1/3} \cdot L_z^{1/3}$
弹性模量	E	$M \cdot L_x^{-1/3} \cdot L_y^{-1/3} \cdot L_z^{-1/3} \cdot T^{-2}$
极限能量释放率	G	$M \cdot T^{-2}$
x 轴方向应力	σ_x	$M \cdot L_x \cdot L_y^{-1} \cdot L_z^{-1} \cdot T^{-2}$
y 轴方向应力	σ_y	$M \cdot L_x^{-1} \cdot L_y \cdot L_z^{-1} \cdot T^{-2}$
z 轴方向应力	σ_z	$M \cdot L_x^{-1} \cdot L_y^{-1} \cdot L_z \cdot T^{-2}$
重力加速度	g	$L_z \cdot T^{-2}$
密度	ρ	$M \cdot L_x^{-1} \cdot L_y^{-1} \cdot L_z^{-1}$
时间	t	T
残余摩擦角	φ_r	1
泊松比	μ	1
抗拉强度	σ_t	$M \cdot L_x^{-1/3} \cdot L_y^{-1/3} \cdot L_z^{-1/3} \cdot T^{-2}$
抗压强度	σ_c	$M \cdot L_x^{-1/3} \cdot L_y^{-1/3} \cdot L_z^{-1/3} \cdot T^{-2}$
长度	l	$L_x^{1/3} \cdot L_y^{1/3} \cdot L_z^{1/3}$

变形破坏现象的函数可用下式表达:

$$F(u,v,w,a,E,G,\sigma_x,\sigma_y,\sigma_z,g,\rho,t,\varphi_r,\mu,\sigma_t,\sigma_c,l) = 0 \qquad (3-1)$$

式(3-1)中共计 17 个物理量,为了将研究问题简化以方便研究,用 E 代表 σ_t 和 σ_c;a 代表 l,则函数表达式简化为:

$$F(u,v,w,a,E,G,\sigma_x,\sigma_y,\sigma_z,g,\rho,t,\varphi_r,\gamma) = 0 \qquad (3-2)$$

利用式(3-2)中的变量列因次量,见表 3-4。

表 3-4 变量因次分析表

参量	u	v	w	a	E	G	σ_x	σ_y	σ_z	g	ρ	t
M	0	0	0	0	3	3	3	3	3	0	3	0
L_x	3	0	0	1	-1	0	3	-3	-3	0	-3	0
L_y	0	3	0	1	-1	0	-3	3	-3	0	-3	0
L_z	0	0	3	1	-1	0	-3	-3	3	3	-3	0
T	0	0	0	0	-6	-6	-6	-6	-6	-6	0	0

其中无量纲数(准则个数)等于 14 个变量减去 5 个基本量纲,则有 9 个准则,但有 2 个(φ_r 和 μ)是无量纲值,属于已知值,所需求解的准则共 7 个。

其中，

$$\pi_1 = \frac{Ea}{G}; \pi_2 = \frac{\sigma_x \sigma_y \sigma_z}{E^3}; \pi_3 = \frac{\sigma_y u^2}{\sigma_x V^2}$$

$$\pi_4 = \frac{g\rho w}{\sigma_z}; \pi_5 = \frac{E\sigma_z}{(g\rho a)^2}; \pi_6 \frac{\sigma_x \sigma_y}{(wg\rho)^2}$$

$$\pi_7 = \frac{\sigma_y w^2}{\sigma_z V^2} (\pi_8 = \varphi_r, \pi_9 = \gamma \text{ 为已知})$$

设计模型时，应该满足模型(m)与原型(p)之间的如下准则：

$$\pi_{1p} = \pi_{1m}; \pi_{2p} = \pi_{2m}; \pi_{3p} = \pi_{3m}; \cdots; \pi_{9p} = \pi_{9m}$$

以上 9 个准则中：

① 与模拟材料性质有关的准则有 3 个：

$$\pi_1 = \frac{Ea}{G}; \pi_8 = \varphi_r; \pi_9 = \gamma$$

② 与模型的应力(边界应力为地应力 σ_x、σ_y 和 σ_z)相关的准则有 2 个：

$$\pi_2 = \frac{\sigma_x \sigma_y \sigma_z}{E^3}; \pi_5 = \frac{E\sigma_z}{(g\rho a)^2}$$

③ 模型换算成原型位移量时的准则有 3 个：

$$\pi_3 = \frac{\sigma_y u^2}{\sigma_x v^2}; \pi_4 = \frac{g\rho w}{\sigma_z}; \pi_7 = \frac{\sigma_y w^2}{\sigma_z v^2}$$

根据前述相似准则，试验满足几何相似、应力相似等原则如下：

（1）几何相似

模拟试验根据巷道、模型尺寸以及模拟范围应至少大于开挖空间的 3 倍的要求，为了更真实地反映深部开采巷道围岩变形破坏特征，采用大比例相似模型，确定选用几何相似比 $C_l = 30$，整个模型模拟的实际范围是 30 m×30 m×30 m，模型试验中开挖巷道直径为 0.14 m，相当于实际开挖的巷道直径为 4.20 m。考虑到大尺度三维试验台开挖孔的形状，将巷道形状设计为圆形，如图 3-1 所示。

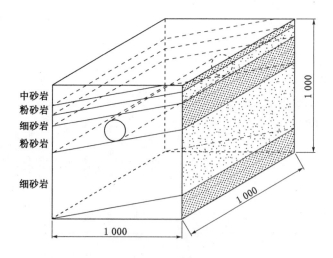

图 3-1　巷道模型示意图(单位:mm)

（2）应力相似准则

现场岩体弹性模量取 2.1 GPa，模型弹性模量取 30 MPa，实际原型材料和边界相似准则为：

$$\pi_{2p} = \frac{\sigma_x \sigma_y \sigma_z}{E^3} = \frac{22.5 \times 42.8 \times 22.5}{(2.1 \times 10^3)^3} = 2.34 \times 10^{-6}$$

$$\pi_{5p} = \frac{E\sigma_z}{(g\rho a)^2} = \frac{2\,100 \times 22.5}{(10 \times 25 \times 25)^2} = 0.001\,2$$

可求得模型的边界应力条件为：

$$(\sigma_z)_m = \pi_{5p} \cdot \frac{(g\rho a)^2}{E} = 0.001\,2 \times \frac{(10 \times 18 \times 0.5)^2}{30} = 0.324\ (\text{MPa})$$

$$(\sigma_x)_m = (\sigma_y)_m = \sqrt{\sigma_x \sigma_y} = \sqrt{\pi_{2p} \frac{E^3}{\sigma_z}} = 0.59\ \text{MPa}$$

（3）相似系数

相似材料重度根据配合比确定，根据模型材料相关试验的配合比数据可知压实后的砂和石蜡混合物的材料重度 $\gamma_p = 1.8 \times 10^4\ \text{N/m}^3$。

故：

$$C_\gamma = \frac{\gamma_p}{\gamma_m} = \frac{25}{18} = 1.4;\ C_L = \frac{L_p}{L_m} = 30$$

$$C_\sigma = \frac{\sigma_p}{\sigma_m} = \frac{22.67}{0.324} \approx 70;\ C_a = \frac{E_p}{E_m} = \frac{2\,100}{30} = 70$$

$$\dot{C}_t = \frac{t_p}{t_m} = \sqrt{C_l} = \sqrt{30} \approx 5.5$$

综上所述，模型在几何量、时间、应力和位移等方面与原型都是相似或者近似相似的。

3.3　试验系统

3.3.1　试验台

相似材料模拟试验是在中国矿业大学地下工程综合模拟试验系统上进行的，该系统是大尺度真三维相似材料模拟试验系统，主要由台体、加载控制系统、开挖与支护系统三个部分组成。

（1）台体

地下工程综合模拟试验台的台体如图 3-2 所示，其中荷载板尺寸为 0.9 m×0.9 m，试验台总体尺寸为 1.8 m×1.8 m×1.8 m。

（2）加载控制系统

设计模型采用六面加载，三路油路控制压力输出，每路又分两路控制对称的两面加载板，压力传递机构采用 300 型扁油缸，油缸活塞直径为 244 mm，活塞面积为 467.35 cm²；对于上下、左右板，一个加载面 9 只油缸，满载荷 1 000 t，对应油压 23.8 MPa。加载控制系统如图 3-3 所示。

（a）

（b）

图 3-2　地下工程综合模拟试验台

（a）

（b）

图 3-3　模拟试验台控制系统

（3）开挖与支护系统

在前加载板上设计预留巷道开挖窗口，模型加载时，将封孔铁盘用螺栓封住预留洞口，待模型加载到设计荷载稳定后卸下封孔铁盘并用钻机开挖。开挖工具包括钻机、直径为140 mm 的空心钻头和钻杆等，如图 3-4 所示。

根据模拟试验台开挖孔的形状，主要采用无支护、气压芯模支护、可缩 U 形钢＋金属网支护，以适应巷道开挖后便于安装支护体和巷道围岩表面位移测量的要求。

其中采用无支护的裸巷是为了与其他两种支护形式时巷道围岩变形破坏特征进行对比分析。为模拟巷道在均布支护阻力作用下的变形破坏特征，自行设计制作了均布阻力支护结构——气压芯模支护结构，主要由气压芯模体、气压表、多向控制阀组成，可提供相当于0.7 MPa 的支护阻力，气压芯模设计图和实物图如图 3-5 所示。

将试验台原有的不可收缩变形的 U 形钢支护完善为可缩式支护，目的是在巷道达到一定的收缩量后，阻止模拟巷道继续收缩，真实体现巷道变形破坏过程中"先让压，后抵抗"的支护原则。U 形钢采用 14# 铁线模拟制作，金属网采用细铁丝网模拟制作。如图 3-6 所示。

（a）开挖孔

（b）开挖工具

图 3-4　巷道开挖孔及开挖工具

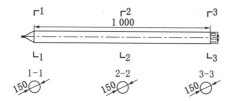

注：
1. 单位：mm；
2. 充气嘴处安装标准件螺纹钢管（接四通管件，
　 安装加压管、气压表及卸压阀）；
3. 锥形部分尺寸可按制作方便原则设计制作，没有特殊要求；
4. 设计承受最大气压至少为1 MPa。

（a）设计图

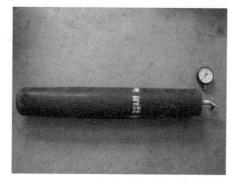

（b）实物图

图 3-5　气压芯模支护形式

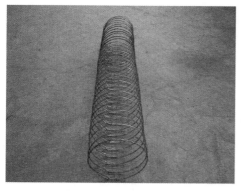

（a）整体结构

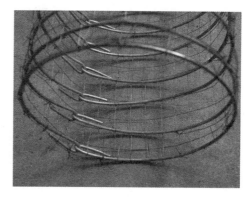

（b）局部放大

图 3-6　可缩 U 形钢＋金属网支护形式

3.3.2 数据采集系统

试验数据监测及采集系统由位移传感器、主方向应变传感器、DateTaker515 数据采集仪、计算机及相关软件等组成,主要功能是监测采集试验台相似材料模型内部、巷道掘进工作面、巷道顶底板及两帮的应力和变形数据,并监测加载系统的工作状态。

3.3.2.1 位移传感器

位移传感器采用溧阳市仪表厂生产的 YHD-30B 型位移传感器,如图 3-7 所示。一端平底封闭,量程为 3 cm。位移计均匀布置在开挖巷道内,两帮和顶底板各布置 4 个,共布置 8 个位移传感器。为了准确测量巷道表面位移,对位移传感器进行了标定,位移计标定结果见表 3-5。利用 Origin 软件进行了线性回归,得到了 8 个位移传感器标定的回归方程,回归曲线(以 2#、4# 位移计为例)如图 3-8 所示。

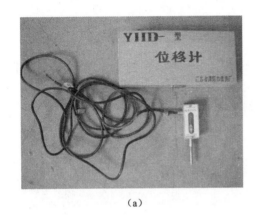

(a)

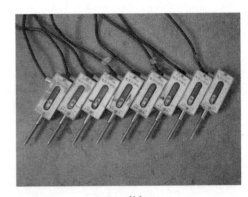

(b)

图 3-7　YHD 型位移传感器

表 3-5　位移计标定结果

位移 /mm	位移计测量值/×10⁻⁶							
	1# 位移计	2# 位移计	3# 位移计	4# 位移计	5# 位移计	6# 位移计	7# 位移计	8# 位移计
0	−164.80	−510.70	−470.60	306.80	−494.40	−522.60	−345.30	−394.50
5	1 261.00	916.80	865.040	1 827.50	1 047.60	1 061.00	1 069.90	1 154.40
10	2 702.80	2 362.50	2 392.00	3 181.70	2 393.50	2 468.70	2 505.50	2 617.50
15	4 095.40	3 823.60	3 851.50	4 691.80	3 803.10	3 835.40	3 867.70	3 971.60
20	5 538.20	5 251.90	5 253.40	6 091.40	5 325.00	5 332.30	5 411.20	5 500.30
25	7 063.00	6 674.10	6 655.40	7 539.60	6 754.10	6 992.10	6 844.10	6 944.20
30	8 485.60	8 099.20	8 149.70	8 996.50	8 197.30	8 233.40	8 243.50	8 413.50

3.3.2.2 主应力方向应变传感器

为了监测模型内部的应力状态,特别是模型分级加载时巷道开挖、支护过程中围岩内部的应力变化情况,根据相似材料的力学特性和与模型匹配要求,制作了内部应力测量的主应力方向应变传感器。

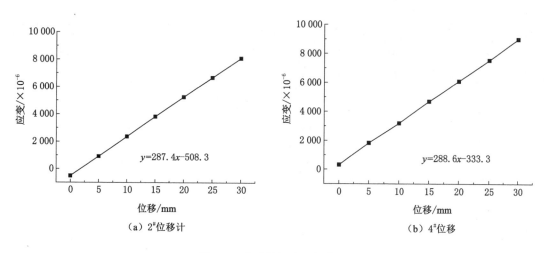

（a）2#位移计 （b）4#位移

图 3-8 位移计标定回归曲线

主应力方向应变传感器的制作材料选择具有强度高、弹性好等优点的聚氨酯，且弹性模量与模型材料的弹性模量相当，其应力-应变关系曲线如图 3-9 所示。其中对角相邻的 3 个面贴 3 个电阻应变计（45°应变花），应变花规格为 B×120-3CA（栅长×栅宽＝3 mm×2 mm）。为了防止在加载过程中相似材料对应变片产生损坏，将贴好的连接数据传输线的应变片用保护胶封好、晾干，并用万用表对每个应力片的电阻值进行测量，以保证传感器埋入模型后能正常传输数据。主应力方向应变传感器实物如图 3-10 所示。

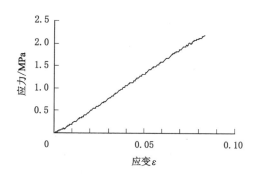

图 3-9 主应力方向应变传感器应力-应变曲线

图 3-10 主应力方向应变传感器

3.3.2.3 主应力方向应变传感器工作原理

为了研究煤矿深部巷道围岩变形破坏特征和巷道不同深度围岩内的应力变化情况，由于相似材料试验模型采用的是大尺度真三轴加载系统，内部应力均为空间应力状态，若采用普通的压力传感器无法获得模型内部各点准确的应力状态。为了获取模型内部某点的空间应力状态（σ_x、σ_y、σ_z、$\tau_{yz}＝\tau_{zy}$、$\tau_{zx}＝\tau_{xz}$、$\tau_{xy}＝\tau_{yx}$），拟采用应变方法获取，将测得 3 个正交方向应变（ε_x、ε_y、ε_z）及 3 个剪应变（γ_{xy}、γ_{yz}、γ_{xz}）。

根据弹性力学中空间问题的基本理论[133-134]，为了获取某点的空间应力状态，设计采用主应力方向应变传感器，在单元尺寸足够小的情况下，近似认为可代表某一点的应力状态或小区域内的平均应力情况。考虑应变计的贴片要求和便于在模型中布设，设计成大小为 30 mm×30 mm×30 mm 的立方体。主应力方向应变传感器可以直接通过 3 个正交方向应变片获得 ε_x、ε_y、ε_z，剪应变 γ_{xy}、γ_{yz}、γ_{xz} 可通过实测得到的 $\varepsilon_{xy(45°)}$、$\varepsilon_{yz(45°)}$、$\varepsilon_{zx(45°)}$，应用弹性力学中任意点形变状态时的几何方程求解：

$$\varepsilon_{xy(45°)} = l^2\varepsilon_x + m^2\varepsilon_y + n^2\varepsilon_z + 2mn\gamma_{zx} + 2lm\gamma_{xy} = \frac{1}{2}\varepsilon_x + \frac{1}{2}\varepsilon_y + \gamma_{xy} \tag{3-3}$$

同理可得：

$$\varepsilon_{yz(45°)} = \frac{1}{2}\varepsilon_y + \frac{1}{2}\varepsilon_z + \gamma_{yz} \tag{3-4}$$

$$\varepsilon_{xz(45°)} = \frac{1}{2}\varepsilon_x + \frac{1}{2}\varepsilon_z + \gamma_{xz} \tag{3-5}$$

由实测得到的 ε_x、ε_y、ε_z 及式(3-3)至式(3-5)计算得到的 ε_{xy}、ε_{yz}，根据式(3-6)得到 γ_{xy}、γ_{yz}、γ_{xz} 3 个剪应变分量。

$$\begin{cases} \gamma_{xy(45°)} = 2\varepsilon_{xy(45°)} - \varepsilon_x - \varepsilon_y \\ \gamma_{xz(45°)} = 2\varepsilon_{xz(45°)} - \varepsilon_x - \varepsilon_z \\ \gamma_{yz(45°)} = 2\varepsilon_{yz(45°)} - \varepsilon_y - \varepsilon_z \end{cases} \tag{3-6}$$

由 ε_x、ε_y、ε_z、γ_{xy}、γ_{yz}、γ_{xz} 6 个应变分量，通过式(3-7)可求得 6 个应力分量。

若令：

$$q = \frac{E\mu}{(1+\mu)(1-2\mu)}$$

$$G = \frac{E}{2(1+\mu)}$$

则有：

$$\begin{bmatrix} \sigma_x \\ \sigma_y \\ \sigma_y \\ \tau_{xy} \\ \tau_{yz} \\ \tau_{xz} \end{bmatrix} = \begin{bmatrix} q+2G & q & q & 0 & 0 & 0 \\ q & q+2G & 0 & 0 & 0 & 0 \\ q & q & q+2G & 0 & 0 & 0 \\ 0 & 0 & 0 & G & 0 & 0 \\ 0 & 0 & 0 & 0 & G & 0 \\ 0 & 0 & 0 & 0 & 0 & G \end{bmatrix} \begin{bmatrix} \varepsilon_x \\ \varepsilon_y \\ \varepsilon_y \\ \gamma_{xy} \\ \gamma_{yz} \\ \gamma_{xz} \end{bmatrix} \tag{3-7}$$

上述 6 个应力分量决定了该点的应力状态，可通过 6 个应力分量得到 σ 的三次方程：

$$\sigma^3 - (\sigma_x + \sigma_y + \sigma_z)\sigma^2 + (\sigma_y\sigma_z + \sigma_z\sigma_x + \sigma_x\sigma_y)\sigma -$$
$$(\sigma_x\sigma_y\sigma_z - \sigma_x\tau_{yz}^2 - \sigma_y\tau_{zx}^2 - \sigma_z\tau_{xy}^2 + 2\tau_{yz}\tau_{zx}\tau_{xy}) = 0 \tag{3-8}$$

求解式(3-8)得到 3 个实根 σ_1、σ_2、σ_3，即该点的 3 个主应力大小。另外，各主应力的方向余弦满足下式：

$$\begin{cases} (\sigma_x - \sigma)l + \tau_{yx}m + \tau_{zx}n = 0 \\ \tau_{xy}l + (\sigma_y - \sigma)m + \tau_{zy}n = 0 \\ \tau_{xz}l + \tau_{yz}m + (\sigma_z - \sigma)n = 0 \end{cases} \tag{3-9}$$

为求得与主应力 σ_1 相应的方向余弦 l_1、m_1、n_1，可以利用式(3-7)中的任意两式，例如前两式。由此可得：

$$\begin{cases} (\sigma_x-\sigma)l_1+\tau_{yx}m_1+\tau_{xz}n_1=0 \\ \tau_{xz}l_1+(\sigma_y-\sigma)m_1+\tau_{zx}n_1=0 \end{cases} \tag{3-10}$$

式(3-10)均除以 l_1，得：

$$\begin{cases} \tau_{yx}\dfrac{m_1}{l_1}+\tau_{zx}\dfrac{n_1}{l_1}+\sigma_x-\sigma=0 \\ (\sigma_y-\sigma)\dfrac{m_1}{l_1}+\tau_{zy}\dfrac{n_1}{l_1}+\tau_{xy}=0 \end{cases} \tag{3-11}$$

从而解出比值 $\dfrac{m_1}{l_1}$ 和 $\dfrac{n_1}{l_1}$。另外，各方向余弦满足：

$$l^2+m^2+n^2=1 \tag{3-12}$$

联立式(3-11)和式(3-12)，得：

$$l_1=\frac{1}{\sqrt{1+(\dfrac{m_1}{l_1})^2+(\dfrac{n_1}{l_1})^2}} \tag{3-13}$$

并由已知的比值 $\dfrac{m_1}{l_1}$ 和 $\dfrac{n_1}{l_1}$ 求得 m_1 及 n_1。同理可以求得与主应力 σ_2 相应的方向余弦 l_2、m_2、n_2 以及与 σ_3 相应的方向余弦 l_3、m_3、n_3。

3.3.2.4 数据处理

位移传感器、主应力方向应变传感器的数据均由 DateTaker515 数据采集仪和计算机采集，如图 3-11 所示。

（a）DateTaker 515　　　　　　　　　　　（b）数据采集

图 3-11　数据采集处理系统

在数据采集过程中，位移传感器和主应力方向应变传感器采用半桥接法，可以直接获取并分析位移计、主方向应变传感器和压力盒压力的数据。

主方向应变传感器只是获取了某点的主应力方向应变分量（ε_x、ε_y、ε_z、$\varepsilon_{xy(45°)}$、$\varepsilon_{yz(45°)}$、$\varepsilon_{yx(45°)}$），经过计算得到主应力方向应变传感器所在位置的空间应力状态。模型中设置了 12 个主应力方向应变传感器，每个传感器在整个试验过程中采集数据达几千甚至几十万个，计算量巨大，因此用 MATLAB 软件编制了相应的计算程序进行求解。

3.4 试验模型制作

3.4.1 相似材料选择

根据研究对象的模型与原型的关系,研究深部巷道围岩变形破坏,其基本作用力为压应力和拉应力,其基本破坏形式为剪切和拉断。变形与围岩的弹性模量和泊松比有关,所以设计配合比时,主要强度指标为抗压强度和抗拉强度,主要变形指标为弹性模量和泊松比。

相似材料是用来模拟原型的,要求如下:

① 主要力学性质与模拟的岩层或结构相似,例如模拟破坏过程时,应使相似材料的单向抗拉强度和抗压强度与原型材料相似;

② 试验过程中材料的力学性能稳定,不易受外界条件的影响;

③ 改变材料的配合比可以调整材料的某些性质以满足相似条件的需要;

④ 制作方便,凝固时间短;

⑤ 成本低,来源丰富。

为模拟深部巷道围岩变形破坏特征,同时考虑试验台的结构特点,试验以砂子为骨料与石蜡胶结作为相似材料,与通常选用的砂子、水泥、石膏胶结的相似材料相比,具有模型制作周期短、材料的力学性能稳定(不受湿度变化的影响)、材料可以重复使用等优点。由于材料具有良好的弹塑性,从而更适合用于模拟深部开采巷道变形特征,因此,试验采用砂与石蜡的混合物来模拟巷道围岩,用 $d = 1.4 \sim 5$ mm 的粗云母模拟岩层的节理和层理。

3.4.2 相似材料配合比

进行模型铺设前,对模拟岩层的材料进行强度配合比试验,不同强度的材料配合比模拟与实际相对应的岩层。在进行相似材料配合比试验时,先将砂子和石蜡按 100：2、100：2.5、100：3、100：3.5 和 100：4 等 5 种配合比(质量比)称量好装入容器,然后放到烘箱内加热到 140 ℃ 左右,待石蜡充分融化后将其取出混合均匀,并用 10 cm×10 cm×10 cm 的正方体混凝土试模做成试件,每种配比制作 3 块试件,共 15 块。然后在岩土测试仪器上对试块进行力学参数的测试,主要包括相似材料的弹性模量 E、泊松比 μ、黏聚力 C、内摩擦角 φ、单轴抗压强度 σ_c 等。试块测试及其破坏形态如图 3-12 所示。不同配合比的砂和石蜡混合物的属性见表 3-6。

表 3-6 不同配合比材料的力学参数

配合比	单轴抗压强度 σ_c/MPa	弹性模量 E/MPa	泊松比 μ	黏聚力 C/kPa	内摩擦角 φ/(°)
100：2.0	0.18	32.0	0.29	13.91	40.25
100：2.5	0.31	35.8	0.35	23.48	49.30
100：3.0	0.53	43.7	0.41	39.94	46.13
100：3.5	0.77	63.2	0.37	41.16	45.26
100：4.0	1.09	137.2	0.32	45.57	50.02

对试件直剪试验的数据进行了线性回归,以配合比 100∶3 为例,回归方程为 $y=1.040\,2x+39.942\,6$,可知该配合比的试件的黏聚力和内摩擦角。直剪试验曲线如图 3-13 所示。

试验结果表明:砂和石蜡的胶结物具有优良的复合性能,与现场围岩的破坏特征基本相似,即经历压密阶段、弹性阶段、塑性阶段,最后到达脆性破坏阶段。

(a)

(b)

图 3-12　试件测试及破坏形态

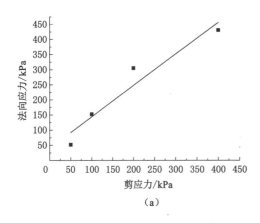
（a）

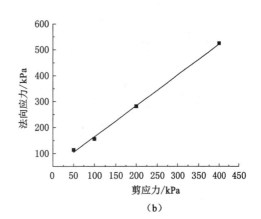
（b）

图 3-13　相似材料直剪试验曲线

根据表 3-6 中不同配合比配制的材料力学特性和岩层相似模拟材料与实际岩层强度相似比要求,选用配合比 100∶3 来模拟巷道所在的粉砂岩岩层,用配合比 100∶3.5 来模拟巷道顶、底板的细砂岩。

3.4.3　模型铺设

三维试验台模型实际铺设尺寸为 1 050 mm×1 050 mm×1 050 mm,根据试验原型上覆岩层赋存情况,按照不同配合比材料铺设模拟岩层。根据实际岩层分层特点,试验模型采用分层多次铺设压实最终形成深部巷道围岩赋存条件。

由于模型尺寸大,铺设时温度较高,为了使模型内外温度一致,模型制作完成后需放置冷却 2~3 d,之后进行加载、开挖、支护等工作。

　　模型铺设制作工艺主要包括材料称重配料、恒温加热、均匀搅拌、减摩处理、摊铺、振动压实、设置层理、埋设传感器等过程，铺设制作流程如图3-14所示。由于模型尺寸大，涉及的准备工作多，为保证铺设模型顺利完成，在开始铺设模型前要做好准备工作，主要包括以下几项。

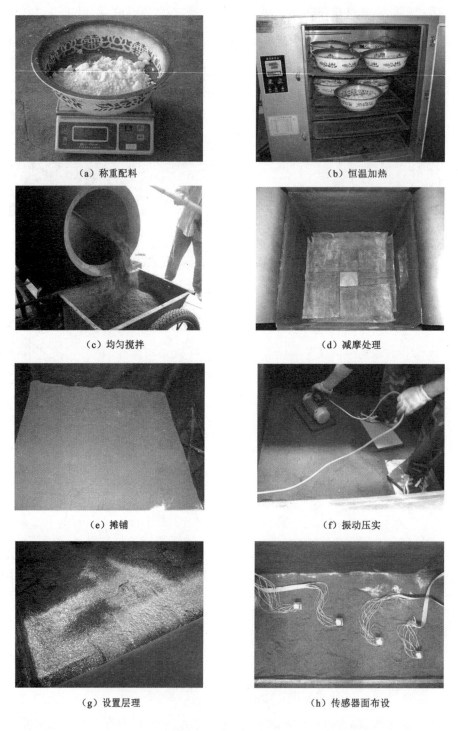

（a）称重配料　　　　　　　　　　（b）恒温加热

（c）均匀搅拌　　　　　　　　　　（d）减摩处理

（e）摊铺　　　　　　　　　　（f）振动压实

（g）设置层理　　　　　　　　　　（h）传感器面布设

图3-14　模型制作流程

① 相似材料准备:以河砂和石蜡为相似模拟材料时,河砂的含水率过高会影响试验配合比的精度以及河砂与石蜡的胶结程度,因此试验前对河砂进行烘干处理,含水率控制在2%以下;河砂的粒级直径控制在5 mm以下。提前将石蜡粉碎,以缩短其融化时间,加快模型铺设进程。

② 试验控制系统调试:试验前应对试验控制系统和加载系统进行预调试,检查气压平衡系统、供油等系统、承载板活塞的伸缩等情况,以保证各组成系统运行良好。

③ 测试传感器的制作:为防止砂粒对传感器上的应变片产生影响,在铺设模型前用703黏合剂覆盖作为保护层,并标注传感器的安置方向。

④ 其他:为减小模型与试验台框架之间的摩擦力,尽量降低边界效应对模型的影响,在加载板表面铺设两层青稞纸,同时涂抹高级润滑油。

测点布置如下:

进行相似材料物理模拟试验,最关键的是有效测量所布置测点的相关数据。本次模型试验中,应力、应变、位移及荷载是关键量测指标。应力是通过对主应力方向应变传感器上的应变测量并根据应力-应变关系换算得到的。位移和荷载除了直接量测外,还可以通过对应变的量测换算得到,故主应力方向应变传感器的布置是试验成功与否的关键。

测点的布置根据试验要求而定,不宜太密。一般应力集中的部位或重点考察的部位的测点要密,非重点考察部位的测点可稀疏些。测点的布置要充分利用结构荷载的对称性。在进行的3台试验中,主应力方向应变传感器在巷道左右两帮各布置4个,顶、底板各布置3个,同时考虑掘进工作面应力变化情况,在距开挖口20 cm、60 cm处各布置1个传感器,如图3-15所示。

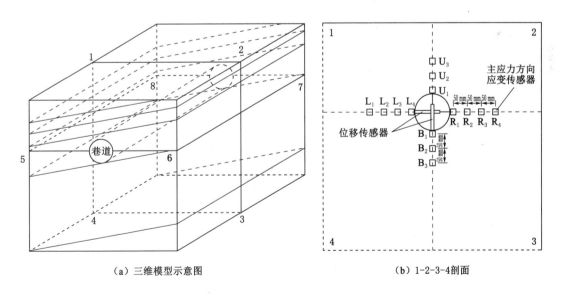

（a）三维模型示意图   （b）1-2-3-4剖面

图 3-15   主方向应变传感器布置图

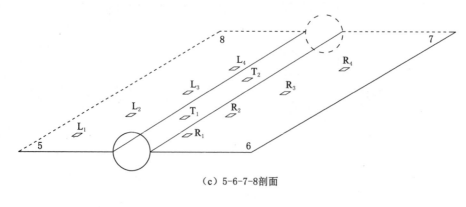

(c) 5-6-7-8剖面

图 3-15(续)

3.5　试验方案设计

相似材料物理试验以郓城煤矿-860 m 井底车场附近的石门及电机车修理间绕道段为试验研究对象,由于受时间和试验条件等的限制,试验采用气压芯模支护结构、可缩 U 形钢 +金属网支护及无支护 3 种支护形式,对深部开采巷道进行开挖、施加支护后围岩应力场分布规律和巷道围岩变形程度进行分析。试验依据矿井的原始应力场特征、巷道所处的岩层赋存层理特征以及根据相似材料试验条件设计的 3 种不同支护形式进行试验方案设计,模拟可归纳为以下几个方面:

(1) 对三维模型进行分级加载,构建初始原岩应力场,分析加载特征。

(2) 分析巷道围岩的破坏特征和形态。

(3) 分析巷道开挖过程和开挖后围岩应力分布特征及规律。

(4) 分析不同支护形式下巷道稳定状态。

3 种试验方案情况见表 3-7。3 种试验方案的初始应力场特征分别为:$\sigma_y > \sigma_z > \sigma_x$、$\sigma_y > \sigma_z > \sigma_x$、$\sigma_y > \sigma_x > \sigma_z$,均为倾斜层理,平均倾角为 10°。

表 3-7　试验方案特征

方案	应力场特征	岩层层理特征	支护形式
方案 1	$\sigma_y > \sigma_z > \sigma_x$	倾斜层理(平均倾角 10°)	无支护
方案 2	$\sigma_y > \sigma_z > \sigma_x$	倾斜层理(平均倾角 10°)	可缩 U 形钢支护+金属网
方案 3	$\sigma_y > \sigma_x > \sigma_z$	倾斜层理(平均倾角 10°)	气压芯模支护(均布)

模拟试验中规定巷道的开挖方向为 x 轴方向,即试验台前后加载面,左右方向为 y 轴方向,即试验台左右加载面,上下方向为 z 轴方向,即试验台上下加载面,如图 3-16 所示,巷道拟开挖断面及岩层赋存层理特征如图 3-17 所示。

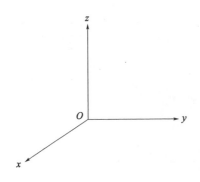

图 3-16　巷道开挖方向坐标

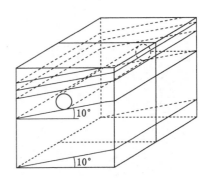

图 3-17　岩层层理特征图

3.6　试验结果分析

3.6.1　模型加载特征分析

　　根据相似模拟试验中的模型设计制作流程,在地下工程综合模拟试验台上分别对 3 种支护方案的模型进行了设计、铺设及数据采集系统的安装。调试完毕,对试验模型进行分级加载,模型经过分级加载、稳定后,用配套的开挖工具进行巷道开挖工作,按既定的开挖方案进行分步开挖,同时在每一步结束后将开挖过程中巷道表面所呈现的破坏形态和特征用数码照相机记录。

　　无支护、可缩 U 形钢＋金属网支护及气压芯模结构支护 3 种试验方案及施加支护后的模拟装置分别如图 3-18、图 3-19 和图 3-20 所示。

（a）开挖巷道后

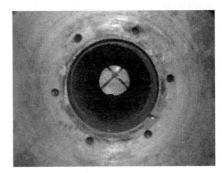

（b）局部放大

图 3-18　无支护

　　其中气压芯模支护结构采用自行设计制作的气压芯模支护,主要是为了模拟均布支护压力情况,分析巷道围岩的应力变化规律和破坏特征。气压芯模提供模拟的最大支护阻力为 0.1 MPa,相当于实际支护阻力 0.7 MPa,目前巷道支护过程中的支护阻力为 0.2～0.4 MPa,所以能满足模拟试验的要求。可缩 U 形钢＋金属网支护模拟实际生产中巷道的变形

（a）可缩U形钢+金属网支护全貌

（b）施加支护过程

图 3-19　可缩 U 形钢＋金属网支护

（a）气压芯模支护方案

（b）开挖期间支护

图 3-20　气压芯模支护

破坏过程中的"让压、抵抗"的支护效果。

试验采用"先加载后开挖"的试验方法，同时考虑相似材料的压实压密需要一定的时间以及加载板的受力状态，以免测试元件和导线损坏，分级加载直至设计荷载，故对分级加载过程进行实时数据采集，分析加载特征。根据试验概况，对 3 种支护方案的试验模型进行设计铺设，巷道开挖前，根据表 3-7 所示原始应力场特征，对此模型进行分级加载，达到设计的初始应力场条件。利用数据采集系统对试验模型分级加载过程进行了数据采集监控。由于采用的试验加载系统没有实现伺服控制，试验中只能对 3 个主加载方向的应力进行控制。在巷道底板、顶板、两帮分别布置了主应力方向应变传感器，各传感器上采集的数据经软件计算分析后得到模型的分级加载曲线。由于 3 种支护方案的加载特征基本一致，下面仅以可缩 U 形钢＋金属网支护方案为例分析模型分级加载过程及特征，其加载曲线如图 3-21所示。

由加载过程曲线可以看出：对模型中不同位置布设的主应力方向应力传感器获得的主方向应力进行分析、比较，得到了三维模拟试验加载过程中 3 个加载方向应力在模型中的变化规律，主要包括以下几个方面：

（1）由巷道底板位置的 1#、2# 主应力方向应力加载曲线，巷道左帮的 3# 主应力方向应力加载曲线，巷道右帮的 8#、9#、10# 主应力方向应力加载曲线以及巷道顶板的 11# 主应力方向

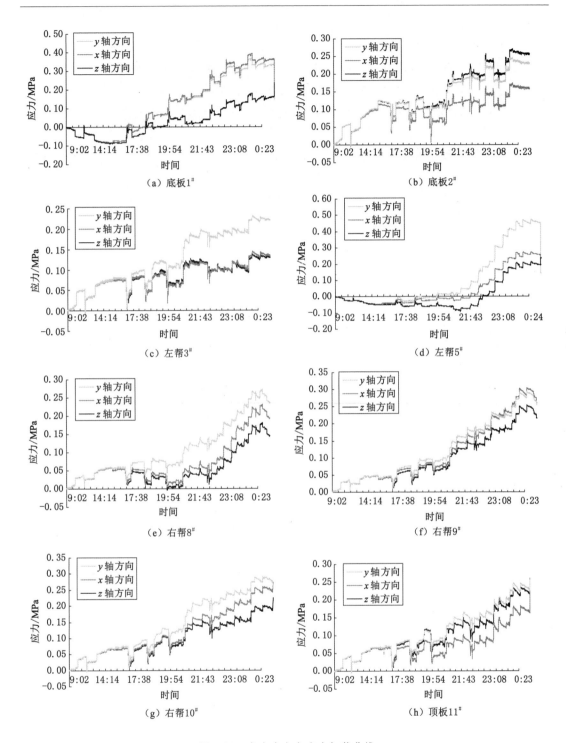

图 3-21　主应力方向应力加载曲线

应力加载曲线可知：3 个加载方向的应力，y 轴方向的加载荷载在加载过程中均高于其他两个方向，说明试验模型经加载后得到的初始应力场是符合应力场设计要求的，即 $\sigma_y > \sigma_z > \sigma_x$。

（2）在加载初期模型材料本身有一个压密过程。由于在模型铺设过程中主应力方向应变传感器与模拟材料之间有一定的空隙,在加载过程中不断被压实,从而导致初期出现实测应力从 0 突然增大的现象,甚至出现负值(拉应力)的情况,如底板 1# 、左帮 5# 加载曲线。这一现象说明在模型加载过程中要控制加载速度,不能连续对模型施加荷载,应分级加载,否则会造成模型内部的荷载传递不均匀,甚至会造成数据线被瞬间拉断。

(3) 在加载的过程中,围岩内部的应力传递在时间和空间上都有一个调整的过程。不同位置的应力变化都存在一个不断波动变化的趋势。由图 3-21 中底板的 1# 、2# 2 个位置的主方向应变传感器及右帮的 8# 、9# 、10# 3 个位置的主方向应变传感器得到的数据分析可知:由模型内部逐渐向模型外部靠近加载板,同一时刻的应力是不同的,即模型内部的应力值小于靠近加载板的应力值,说明模型内部应力的传递存在滞后的现象。所以模型的开挖应该在分级加载完成一段时间以后再进行,试验中稳定 2~4 h 为宜,以实现加载板的荷载向模型内部均匀传递。

3.6.2　围岩变形破坏特征分析

3.6.2.1　无支护方案

(1) 开挖过程描述

无支护的试验模型巷道开挖是从 2009 年 2 月 10 日 15:03 开始,开挖时间步距基本为每 30 min 开挖 1 次,每次开挖尽量在 2 min 内完成,开挖进尺步距为每次 6 cm,相当于实际开挖 1.8 m。为防止巷道大面积失稳垮落,每次巷道开挖后施加临时支护,支护采用气压芯模,支护阻力为 0.3 MPa。无支护方案巷道开挖过程描述见表 3-8。

表 3-8　无支护巷道开挖过程描述

开挖时间	开挖距离/cm	开挖时间	开挖距离/cm	开挖时间	开挖距离/cm
15:03	0	18:00	36	21:00	72
15:30	6	18:30	42	21:30	78
16:00	12	19:00	48	22:00	82
16:30	18	19:30	54	22:30	88
17:00	24	20:00	60	23:00	94
17:30	30	20:30	66	23:30	100

注:开挖日期为 2009 年 2 月 10 日。

(2) 开挖及支护后的破坏特征

无支护方案试验模型巷道开挖后的破坏特征如图 3-22 所示。

在巷道开挖过程中,由于施加了临时支护,由图 3-22 可知:巷道基本处于稳定的状态,但是巷道顶板处有微小的裂缝并出现了片状剥落现象。开挖后不再施加临时支护,放入位移传感器后,巷道顶板位置立即出现了块状垮落迹象,且底板有明显的底鼓现象。在开挖后一段时间内,巷道空间完全被垮落的岩块填充,说明巷道在无支护状态下,围岩应力由表及里迅速出现了不同程度变化,特别是在两帮靠近顶板和底板位置应力变化明显,从而出现顶板围岩块状垮落和底板底鼓的破坏特征。在无支护状态下巷道围岩变形破坏更加剧烈,模型试验结束后将试验台后加载板拆卸,以 10 cm 为剖切步距将模型从垂直方向剖切开,模型

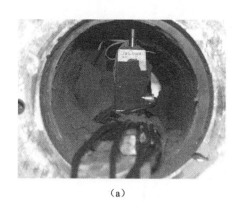
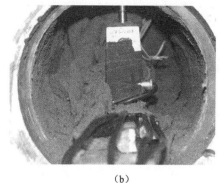

（a）　　　　　　　　　　　　　（b）

图 3-22　无支护巷道开挖后破坏形态

中每一剖切面巷道破坏特征如图 3-23 所示。

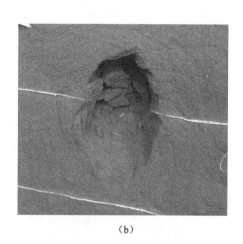

（a）　　　　　　　　　　　　　（b）

图 3-23　无支护下模型剖面图

由以上模型剖切面可以看出：巷道的破坏呈现明显的剪切破坏特征，其裂缝的发展集中在巷道两帮位置，破坏的起始点位于巷道的顶板和底板处。

在初始应力场（$\sigma_y > \sigma_z > \sigma_x$）作用下，巷道围岩的变形破坏具有以下特征：

① 巷道的变形破坏是一个渐进、非连续的过程，由开挖后破坏现象可知顶底板处初始挤压剪切作用是后期围岩产生剪切滑移裂缝的前提，整个破坏过程可描述为：局部受挤压失稳破坏→产生剪切裂缝→裂缝急剧扩展交叉→巷道失稳破坏。

② 不同部位表现出不同的变形特征，差异显著。变形的起点始于两帮靠近顶板偏上位置处，随着应力的不断变化，裂缝数量增大，并向巷道围岩深处不断扩展延伸，最终形成的滑移裂缝均在巷道两帮位置交叉。

③ 剪切滑移裂缝发展的最深位置在距巷道表面 8 cm，相当于实际巷道围岩 2.4 m 的范围内，并且裂缝对称分布，每条剪切裂缝的间距平均为 3 cm 左右，将围岩分割成明显的破坏区域。

3.6.2.2 可缩U形钢＋金属网支护方案

（1）开挖过程描述

可缩U形钢＋金属网支护试验模型的巷道开挖从 01:28 开始,开挖时间步距为每 30 min 开挖一次,每次开挖尽量在 2 min 内完成,缩短裸巷无支护的时间,开挖进尺步距为每次 6 cm,每次巷道开挖后用气压芯模对裸巷施加临时支护,提供的支护阻力为 0.3 MPa。整个开挖过程描述见表 3-9。

表 3-9 可缩U形钢＋金属网支护方案巷道开挖过程描述

开挖时间	开挖距离/cm	开挖时间	开挖距离/cm	开挖时间	开挖距离/cm
01:28	0	04:00	36	07:00	72
01:30	6	04:30	42	07:30	78
02:00	12	05:00	48	08:00	84
02:30	18	05:30	54	08:30	90
03:00	24	06:00	60	09:00	96
03:30	30	06:30	66	09:30	100

注:本次开挖日期为 2009 年 6 月 18 日。

（2）开挖及支护后的破坏特征

可缩U形钢＋金属网支护方案巷道开挖后的破坏形态及施加支护后的破坏特征如图 3-24 所示。

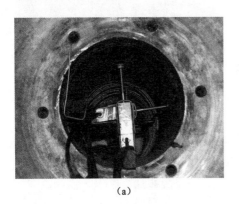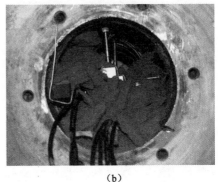

（a）　　　　　　　　　　　　　　（b）

图 3-24 巷道开挖、支护后的破坏形态

由图 3-24 可以看出:在巷道开挖过程中,巷道顶板出现了块状垮落现象。由图 3-24(a) 和图 3-24(b) 对比可知:处于开挖口附近的巷道顶板破坏最明显,这是由于可缩U形的支护只安装在靠近模型后加载板位置(长度为 0.7 m),而在巷道开挖口为无支护(长度为 0.3 m),有支护与无支护时巷道初始破坏特征差异显著。从图 3-24(b) 可以明显看出:施加支护对巷道的变形破坏产生了明显的抵抗作用,在短时间内有效控制了巷道的变形,而无支护段的巷道顶板发生了冒顶破坏,且垮落的岩块多呈块状,与无支护方案时是一致的。

以上现象表明:在巷道掘进过程中,巷道壁周围的荷载突然解除,围岩体受力由三向受力改变为二向受力,在水平应力作用下,顶板受挤压而破坏,且围岩内部主应力出现了不同程度的变化,特别是在顶板处应力变化明显,从而使顶板围岩块状垮落。

施加可缩U形钢＋金属网支护后,由于巷道收缩变形,使得U形钢支架与围岩紧密接触,U形钢产生了变形收缩,金属网有效阻止了破坏岩块的垮落。试验完成后将模型每隔10 cm取一个剖面,如图3-25所示。

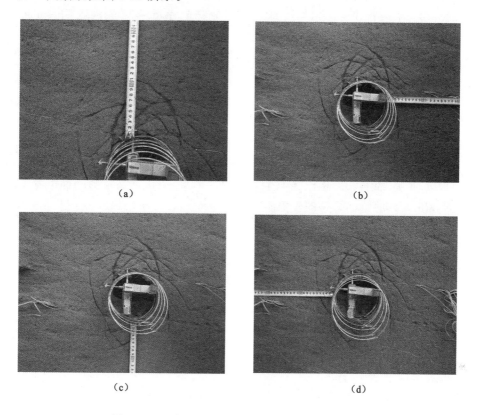

（a）　　　　　　　　　　　　（b）

（c）　　　　　　　　　　　　（d）

图 3-25　可缩U形钢＋金属网支护下模型剖面图

在高应力作用下,相当于一部分围岩处于峰后应力状态,根据岩体全应力-应变关系曲线,岩体达到极限强度后,其变形进入塑性软化阶段,该阶段岩体塑性软化强度随应变的增大而逐渐衰减至残余强度;对于深部巷道围岩,巷道围岩二次应力重分布造成应力集中,围岩受到的应力超过其强度,进入塑性状态,并形成潜在的塑性滑动面,在这些潜在的塑性滑动面和某些原有的软弱结构面上剪应力达到或超过其抗剪强度,因而形成剪切滑移破坏,已破坏的岩体塑性软化强度同岩体残余强度相等,塑性区分残余强度区和应变软化区,当围岩塑性应力对应的变形达到破坏条件时,就形成了破坏区,破坏区的形成和扩大最终导致巷道破坏。

从模型剖面可以看出:巷道的破坏呈现显著的剪切滑移破坏特征,采取的支护措施以及围岩自身的残余强度是维持巷道稳定的一个重要因素,残余强度的存在是保证深部巷道在高应力条件下在一定时期内能够保持稳定而不垮落失稳的一个重要因素。

综上所述,在初始地应力($\sigma_y > \sigma_z > \sigma_x$)条件下,即水平方向应力大于垂直方向的应力时,在U形钢＋金属网支护下巷道的变形破坏特征如下:

① 巷道的变形破坏是一个渐进过程，是非连续的，高水平应力的挤压作用及初始的顶、底板破坏是后期围岩产生剪切滑移裂缝的前提，整个破坏过程可以描述为：局部失稳→产生剪切裂缝→裂缝急剧扩展交叉→破坏。

② 巷道开挖后不同部位表现出不同的变形特征，差异显著。破坏始于顶板和底板四角，随着应力的不断变化，裂缝数量增大，并且向巷道围岩深处不断扩展延伸，最终形成交错的螺旋网状，将围岩分割成大小不等的碎块，在支护体的支撑下不致垮落；同时底板也出现类似交错破坏区域。

③ 剪切滑移裂缝出现在距巷道表面 7 cm（相当于实际 2.1 m）范围内，并且裂缝对称分布，形态如垂直椭圆形，将围岩分割成明显的破裂区域，说明在高水平应力作用下，巷道顶板处产生了压应力集中，从而发生挤压剪切破坏，对巷道的变形破坏起主导作用。与无支护方案的剪切滑移裂缝的深度比较，显然施加可缩 U 形钢支护后在一定程度上对巷道围岩的变形破坏起抑制作用，改善了巷道围岩的受力状态。

④ 根据试验模型拆卸下来的可缩 U 形钢支护的变形结果可知：可缩 U 形钢的收缩已经达到最大程度，而且部分 U 形钢已经产生了扭曲变形，说明深部高应力条件下巷道围岩产生了大变形，超出了可缩 U 形钢的支护能力。

3.6.2.3 气压芯模支护方案

（1）开挖过程描述

气压芯模支护的模型巷道开挖从 09:58 开始，基本每 90 min 开挖 1 次，每次开挖尽量在 2 min 内完成，缩短裸巷无支护时间。开挖步距为 6 cm，每次开挖后立即将气压芯模支护放入开挖巷道内，施加临时支护，支护阻力为 0.3 MPa。具体的开挖过程描述见表 3-10。

表 3-10　气压芯模支护方案模型巷道开挖过程描述

开挖时间	开挖距离/cm	开挖时间	开挖距离/cm	开挖时间	开挖距离/cm
09:58	0	16:30	36	01:30	72
09:00	6	18:00	42	03:00	78
10:30	12	19:30	48	04:30	84
12:00	18	21:00	54	06:00	90
13:30	24	22:30	60	07:30	96
15:00	30	24:00	66	09:00	100

注：开挖日期为 2009 年 5 月 18 日和 2009 年 5 月 19 日。

（2）开挖及支护后的破坏特征

由于采用的是气压芯模支护，巷道开挖结束后，巷道内部表面的破坏无法观测拍照，故对剖面中所呈现的破坏现象进行分析，剖面如图 3-26 所示。

由图 3-26 所示剖面可以看出：在初始地应力（$\sigma_y > \sigma_x > \sigma_z$）条件下，由于模拟顶、底板的岩石强度高于巷道所在层位的岩石强度，巷道围岩的变形破坏具有以下特征：

① 与前述模拟结果一致，巷道围岩的变形破坏是一个渐进的过程，是非连续的，初始的顶板破坏是后期围岩产生剪切滑移裂缝的前提，整个破坏过程同样可描述为：局部失稳破坏→产生剪切裂缝→裂缝急剧扩展交叉→巷道失稳破坏。

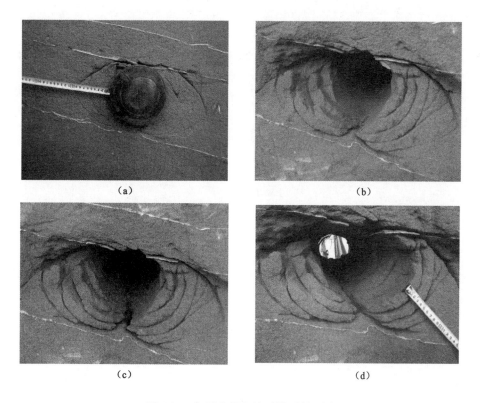

图 3-26　气压芯模支护下模型剖面图

② 不同的部位表现出不同的变形特征,差异显著。变形的起点位于顶底板,随着应力的不断变化,裂缝数量增大,并且向巷道围岩深处不断扩展延伸。

③ 剪切滑移裂缝出现在巷道距表面 8 cm(相当于实际 2.4 m)范围内,并且裂缝对称分布,形态为与岩层覆存状态平行的椭圆形,每条剪切裂缝的间距平均为 2 cm 左右,将围岩分割成明显的破裂区域,说明水平应力对巷道的变形破坏起主导作用。

④ 由于顶、底板岩石强度高于巷道层位的岩石强度,由图 3-26 可知:剪切滑移裂缝在本层位发展延伸,高强度坚硬的岩体抑制了剪切滑移裂缝的发展,且巷道底板出现了明显的挤压流动现象,巷道底鼓明显。

⑤ 由图 3-26(c)、图 3-26(d)可知:巷道围岩的最终破坏形态呈分层片状,在支护作用下,巷道围岩不至于整体垮落坍塌。

根据不同支护方案的相似材料试验结果可知:在深部高水平应力作用下的巷道围岩破坏具有相似的特征,即巷道顶、底板处均产生了剪切滑移裂缝交错呈网状的破坏区域。对比无支护和有支护巷道围岩的破坏深度可知:无支护条件下巷道围岩的破坏发展更快,向围岩深部的延伸范围更大,而施加支护后,对巷道围岩的受力状态产生了影响,有效控制了巷道围岩的变形破坏。

3.6.3　围岩内部应力分析

为了分析巷道开挖和施加支护后围岩不同深度内的主应力变化规律,试验在开挖巷道的底板、两帮和顶板共布置 12 个测试监控点(图 3-15)。根据试验台上大量的模拟试验,巷道开挖表面测点易在开挖过程中破坏,故布置的第一个测点距开挖巷道表面 1 cm,并依次每隔 5 cm 布设一个测试监控点。采用无支护及气压芯模支护方案获得的主应力演化规律与可缩 U 形钢＋金属网支护方案基本是一致的,限于篇幅,其他两个方案的主应力演化规律不进行深入分析。

(1)巷道围岩内部的主应力演化规律

巷道不同位置处的主应力方向应变传感器所测得数据经过 MATLAB 软件计算后得到底板主应力变化曲线如图 3-27 所示,相应测点的主应力变化特征见表 3-11。

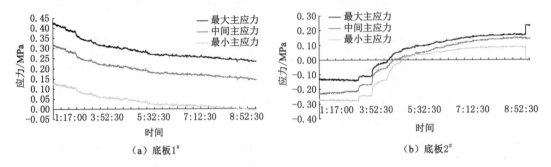

图 3-27　底板主应力变化曲线

表 3-11　底板测点主应力变化特征

位置		波动区域 1	波动区域 2	波动区域 3	波动区域 4	波动区域 5
1#		测点位于巷道底板 15 cm 处,应力总体变化呈降低趋势,并伴有多处波动				
2#	时间	3:33—3:35	4:00—4:02	4:31—4:35	5:00—5:02	5:32—5:36
	趋势	升高	升高	升高	升高	升高
	$\Delta\sigma_1$/MPa	0.022	0.053	0.007	0.005	0.005
	$\Delta\sigma_3$/MPa	0.027	0.053	0.032	0.008	0.009

左帮测点的主应力变化曲线如图 3-28 所示,相应测点的主应力变化特征见表 3-12。

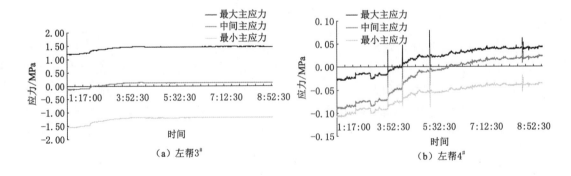

图 3-28　左帮主应力变化曲线

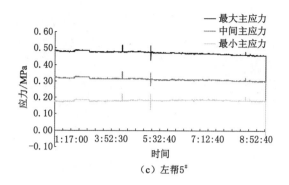

（c）左帮5#

图 3-28（续）

表 3-12 左帮测点主应力变化特征

位置		波动区域 1	波动区域 2	波动区域 3	波动区域 4	波动区域 5	波动区域 6
3#	时间	3:00—3:09					
	趋势	升高					
	$\Delta\sigma_1$/MPa	0.050		多处微小波动			
	$\Delta\sigma_3$/MPa	0.100					
4#	时间	2:51—2:54	3:23—3:32	4:00—4:02	4:31—4:32	5:29—5:30	8:45—8:46
	趋势	升高	降低	升高	升高	升高	升高
	$\Delta\sigma_1$/MPa	0.006	0.011	0.048	0.062	0.058	0.022
	$\Delta\sigma_3$/MPa	0.006	0.020	0.045	0.054	0.086	0.035
5#	时间	2:51—2:54	3:22—3:24	4:30—4:31	5:30—5:31	8:45—8:46	8:55—8:56
	趋势	升高	降低	升高	波动	升高	升高
	$\Delta\sigma_1$/MPa	0.002	0.004	0.035	0.086	0.018	0.008
	$\Delta\sigma_3$/MPa	0.007	0.004	0.037	0.083	0.022	0.012

　　右帮测点的主应力变化曲线如图 3-29 所示，相应测点的主应力变化特征见表 3-13。

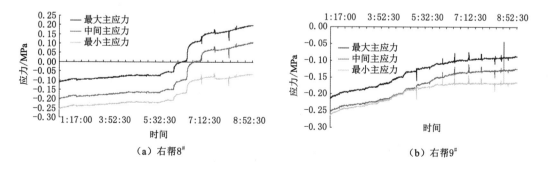

（a）右帮8#　　　　　　　　　　　（b）右帮9#

图 3-29 右帮主应力变化曲线

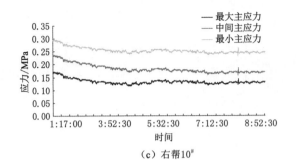

（c）右帮10#

图 3-29（续）

表 3-13   右帮测点主应力变化特征

位置		波动区域 1	波动区域 2	波动区域 3	波动区域 4	波动区域 5	波动区域 6
右帮 8#	时间	2：51—2：52	6：30—6：37	6：59—7：05	7：32—7：33	8：00—8：03	8：29—8：32
	趋势	降低	升高	升高	波动	波动	降低
	$\Delta\sigma_1$/MPa	0.003	0.043	0.085	0.046	0.020	0.052
	$\Delta\sigma_3$ MPa	0.001	0.028	0.065	0.049	0.020	0.042
右帮 9#	时间	5：30—5：31	6：30—6：31	7：00—7：02	7：30—7：32	8：00—8：01	8：29—8：32
	趋势	降低	升高	升高	升高	升高	升高
	$\Delta\sigma_1$/MPa	0.027	0.016	0.027	0.024	0.019	0.018
	$\Delta\sigma_3$/MPa	0.027	0.017	0.028	0.026	0.020	0.020
右帮 10#	时间	应力总体呈降低趋势，并伴有多处波动位置					
	趋势						
	$\Delta\sigma_1$						
	$\Delta\sigma_3$						

顶板测点的主应力变化曲线如图 3-30 所示，相应测点的主应力变化特征见表 3-14。

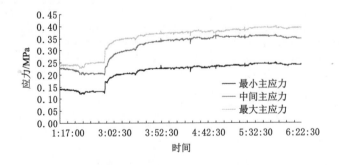

图 3-30   顶板主应力变化曲线

表 3-14　顶板测点主应力变化特征

位置		波动区域 1	波动区域 2	波动区域 3	波动区域 4	波动区域 5	波动区域 6
顶板 11#	时间	2:21—2:25	3:00—3:01	3:30—3:32	4:00—4:02	4:31—4:32	5:29—5:30
	趋势	降低	升高	降低	升高	升高	升高
	$\Delta\sigma_1/\mathrm{MPa}$	0.003	0.060	0.010	0.002	0.014	0.015
	$\Delta\sigma_3/\mathrm{MPa}$	0.100	0.047	0.010	0.003	0.015	0.017

由以上巷道顶板、底板及两帮处的主应力变化曲线及其变化特征分析可得巷道在开挖以后,其围岩内部应力大小变化具有如下规律:

① 在巷道开挖过程中,出现 4～6 个应力剧烈波动区,并伴有多个微小的波动区域。试验结束后的模型剖面显示巷道围岩内有 5～6 条明显的剪切滑移裂缝,这些裂缝的形成和主应力的调整存在必然的联系。

② 开挖过程中,巷道围岩不同深度内的主应力大小发生了明显变化,且靠近巷道表面的变化幅度比深部围岩的明显大。其中巷道左帮 4# 传感器实测得到巷道开挖前后 σ_1 变化最大值为 0.062 MPa,σ_3 变化最大值为 0.086 MPa,而 5# 传感器实测得到巷道开挖前后 σ_1 变化最大值为 0.035 MPa,σ_3 变化最大值为 0.037 MPa。其中 5# 传感器出现了一个较大的波动点,即在 5:30—5:31 时间段,据巷道模型剖面可知此传感器恰好位于剪切滑移裂缝上,所以出现了较大的波动。从巷道右帮的 8#、9# 传感器测得的应力变化情况可知存在同样的变化规律。

③ 通过对整个开挖过程和稳定调整过程分析,围岩内部应力处于动态调整状态。经历了开挖后应力升高(局部有降低)的过程,应力不断向巷道围岩深部转移。

④ 由于巷道开挖以后顶板垮落比较严重,而导致巷道附近埋设的传感器部分失效,两帮变形也比较严重,且有明显的剪切滑移裂缝。

(2) 掘进工作面主应力变化

在巷道中心线方向分别布置 2 个测试监控点以获取巷道在掘进过程中的主应力变化规律。掘进面 6#、7# 主应力方向应变传感器测点布置在距巷道开挖孔 30 cm 和 60 cm 处,其中 6# 主应力方向应变传感器的数据异常,不做分析。掘进面主应力变化曲线如图 3-31 所示,掘进面测点主应力变化特征见表 3-15。

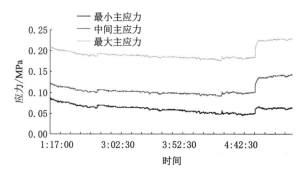

图 3-31　掘进面测点(掘进面 7#)主应力变化曲线

表 3-15　掘进面测点主应力变化特征

位置		波动区域 1	波动区域 2	波动区域 3	波动区域 4	波动区域 5	波动区域 6
掘进面 7#	时间	2:50—2:51	3:34—3:35	3:42—3:43	4:31—4:32	4:59—5:00	5:26—5:27
	距离/cm	34	30	22	10	6	0
	趋势	升高	降低	降低	升高	升高	降低
	$\Delta\sigma_1$/MPa	0.005	0.002	0.001	0.002	0.041	0.001
	$\Delta\sigma_3$/MPa	0.005	0.001	0.001	0.003	0.016	0.001

　　由掘进面测点的主应力变化曲线和变化特征可以看出:随着工作面不断向前推进,巷道围岩内的主应力随之不断变化。

　　掘进面 7# 主应力方向应变传感器距巷道开挖孔 60 cm,故只有从开挖到破坏的 1:17:00 至 06:00:00 时间段的应力变化曲线。由图 3-31 可以看出:巷道开挖到距 7# 传感器前方 6 cm 处,主应力发生明显的变化,呈增大趋势,最大主应力的变化幅度为 0.041 MPa,最小主应力变化幅度为 0.016 MPa,分别增大了 17% 和 30%,说明掘进面前方的应力发生了急剧变化,主应力的急剧变化将引起巷道围岩不同位置处的应力集中,应力将重新分布。

　　(3) 主应力方向变化规律

　　根据测试结果的整理分析,对应力方向的变化进行了研究,得出在巷道开挖过程中,开挖面附近原有的应力平衡状态遭到破坏,周围岩体的应力重新调整,除了主应力大小发生改变以外,主应力方向也随之变化。

　　在主应力方向(角度-时间)变化曲线中,任何一个时刻,某个主应力方向对应的 3 个角度的余弦 l、m、n 满足:$l^2+m^2+n^2=1$。开挖过程中主应力方向转动轨迹如图 3-32 所示。图例中 1-x 代表最大主应力相对 x 轴方向的角度变化,1-y 代表最大主应力相对 y 轴方向的角度变化,1-z 代表最大主应力相对 z 轴方向的角度变化,3-x 代表最小主应力相对 x 轴方向的角度变化,3-y 代表最小主应力相对 y 轴方向的角度变化,3-z 代表最小主应力相对 z 方向的角度变化。

　　巷道不同位置处主应力方向变化特征见表 3-16。

表 3-16　巷道不同位置处主应力方向变化特征

位置	主应力	相对 x 轴方向	相对 y 轴方向	相对 z 轴方向
底板 2#	最大主应力	明显变化	明显变化	明显变化
	最小主应力	剧烈变化	剧烈变化	剧烈变化
左帮 4#	最大主应力	微小变化	明显变化	微小变化
	最小主应力	剧烈变化	剧烈变化	剧烈变化
右帮 9#	最大主应力	明显变化	明显变化	微小变化
	最小主应力	剧烈变化	剧烈变化	剧烈变化
顶板 11#	最大主应力	明显变化	明显变化	剧烈变化
	最小主应力	剧烈变化	剧烈变化	明显变化

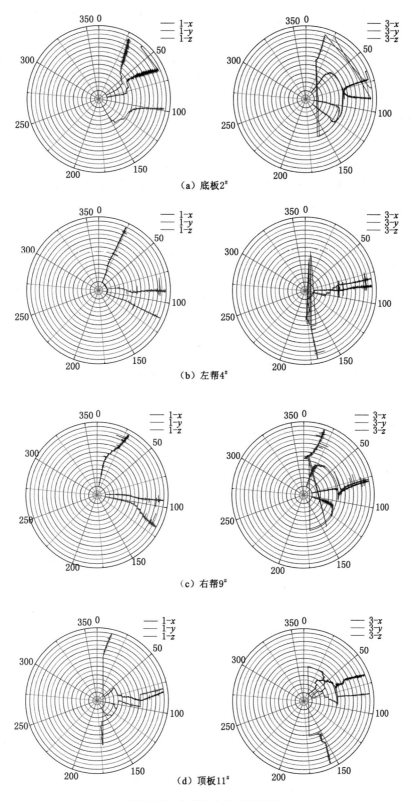

（a）底板2#

（b）左帮4#

（c）右帮9#

（d）顶板11#

图 3-32 主应力方向转动轨迹

通过对巷道围岩主应力方向及变化特征进行分析,发现研究的最大主应力、最小主应力方向的变化(转动)具有以下特点及规律:

① 主应力方向是伴随着主应力大小的变化而变化的,方向变化的时间段和主应力大小变化的时间段相吻合,且剧烈变化的时间大多数发生在开挖过程中,开挖的瞬间变化最剧烈。

② 主应力方向的变化幅度在 $0\sim180°$ 之间,最小主应力的变化相对最大主应力方向均剧烈变化。例如:巷道左帮位置($4^{\#}$)在开挖过程中最小主应力方向与 y 轴的夹角变化幅度最大,说明在垂直于巷道的开挖方向上产生了剧烈的主应力方向转动;巷道顶板位置($11^{\#}$)主应力在 3 个方向上都产生了强烈的变化与转动,说明巷道顶板在开挖过程中不断垮落,破坏与主应力的大小和方向变化直接相关。

③ 巷道开挖和平衡过程中,不同部位的监测结果都显示有多个主应力方向明显变化的时间段,主应力方向的变化说明该时间段有明显的应力调整过程,且转动幅度较大,是巷道内部发生严重破坏的重要标志。

④ 由变化特征可以看出:巷道不同位置处的最小主应力变化最为剧烈,说明最小主应力的大小和方向的变化是引起巷道变形破坏的重要原因。

通过以上分析可知:主应力方向的转动,与开挖和变形过程中应力大小的变化密切相关。由于岩体非均质,巷道开挖前岩体内不同位置处的应力状态也有所差异,巷道开挖与卸载,导致巷道不同深度范围内的围岩经历卸载、应力重新调整分布、变形破坏等不同过程都具有明显的非线性特征。

3.6.4　围岩表面位移分析

为研究支护结构在高应力作用下的巷道表面收敛变形规律,试验中利用位移计对 U 形钢＋金属网支护条件下及无支护条件下的巷道表面位移进行了测试,由于气压芯模支护结构的限制,无法将位移传感器布置在巷道内部,因此这里只对可缩 U 形钢＋金属网支护方案和无支护方案两种方案进行巷道围岩表面位移分析。

(1)可缩 U 形钢＋金属网支护方案

为了分析可缩 U 形钢＋金属网支护条件下巷道顶、底板及两帮的移近量,在相应位置布置了位移传感器,如图 3-33 和图 3-34 所示。顶、底板及两帮的相对位移量分别如图 3-35 和图 3-36 所示。

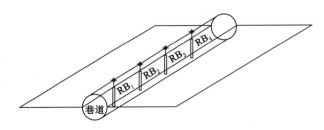

图 3-33　顶、底板位移计布置图

由图 3-33 至图 3-36 可知:巷道开挖初期,内部围岩的变形处于弹性及塑性的流变状态,巷道变形较小,体现了深部巷道静压作用下的变形特点。随着时间的增加,当荷载达到一定程度

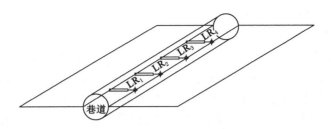

图 3-34 两帮位移计布置图

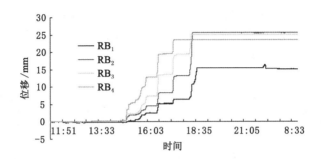

图 3-35 顶、底板相对位移变化曲线

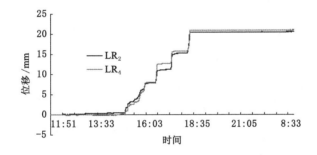

图 3-36 两帮相对位移变化曲线(LR$_1$、LR$_3$ 数据异常舍去)

时,相对位移量都有一个明显的台阶状变化,说明破碎岩体的变形量在可缩 U 形钢＋金属网支护的作用下是非连续的,是随着破裂岩体的破碎程度和 U 形钢的可缩量逐级增大的;支护对巷道的变形起到了缓冲作用。在围岩应力调整变化过程中,巷道两帮移近量达 16～20 mm,顶、底移近量达 23～28 mm,在巷道围岩产生大变形过程中,支架和围岩都出现了严重的破坏。

分析可知巷道开挖后以及在稳定过程中围岩的变形规律如下:

① 当巷道开挖后围岩所受的应力差值小于其弹性强度极限值时,围岩处于弹性变形状态,变形量为巷道表面位移的 1% 左右。当巷道所受的应力达到或超过强度极限值,巷道周边将出现塑性变形破坏区域,此时围岩位移较显著增大,但是其弹塑性变形量在围岩变形破坏所产生的总变形量中所占比例仍较小,不超过总变形量的 25%。

② 巷道内施加支护作用,围岩将在弹塑性范围内变形,围岩结构进行应力调整,围岩位移逐渐趋于平稳。随着荷载的不断增大,当塑性区发展到一定程度时,巷道围岩变形将超出其极限而发生破坏,但是在支护阻力的抵制作用下,破裂围岩体不会再发生失稳破坏,而在

浅部形成具有一定承载能力的承载区域。此时,岩石破裂后再破碎的碎胀变形是巷道产生变形的主要原因,此阶段围岩变形有一个平缓的增长过程。当碎胀作用力超过支护阻力时,支护结构体系收缩让压,使集中应力逐渐向围岩深部转移,深部围岩部分塑性区岩体成为松动区破裂岩体,但支护未丧失对深部围岩径向变形的约束作用。在继续增大的荷载作用下,碎胀变形将超过支护承受范围,围岩变形急剧增大导致巷道最终失稳破坏。

③ 支护体的存在使破碎岩体的残余强度显著提高,破碎岩体中的裂隙面强度也会显著提高。当支护强度逐渐降低时,岩石变形会沿裂隙面的滑动逐渐转变为破碎岩块的再次破裂,产生新的裂隙,但并非产生失稳冒落,支护体仍具有对深部围岩体的约束作用。所以支护体能起到减缓破裂岩体裂隙发展速度和数量,避免破碎块体坍塌,减小裂隙向深部扩展的作用,其有利于围岩承载结构的形成。适当提高支护强度时,可使岩体只产生部分少量的裂隙,处于比较完整和稳定的状态。

④ 巷道在支护作用下,变形过程为变形→稳定→再变形,其说明支护在让压以后对围岩变形控制起到了重要作用。所以,具有一定可缩性支护结构才能实现既能适应围岩的变形,又能控制围岩的变形。

(2) 无支护方案

同可缩 U 形钢+金属网支护方案,在巷道顶、底板及两帮相应位置布置了位移传感器,如图 3-37 和图 3-38 所示。顶、底板及两帮的相对位移分别如图 3-39 和图 3-40 所示。

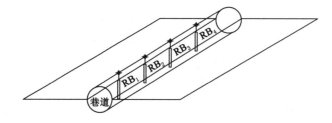

图 3-37　顶、底板位移计布置图

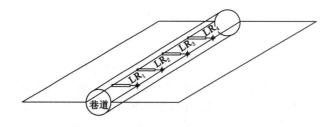

图 3-38　两帮位移计布置图

由图 3-39 和图 3-40 可知:巷道开挖初期,内部围岩的变形处于弹性及塑性的流变状态,变形较为平稳,体现了深部巷道静压作用下的变形特点。随着时间的增加,巷道顶底板、两帮的相对位移量不断增大,与有支护时相比,位移曲线并无明显的延迟滞后现象,而是呈现近似直线增大的趋势,最终导致位移传感器失效。在围岩应力调整过程中,巷道经过多次应力调整后两帮移近量已达 25～30 mm,顶、底板移近量达 20～25 mm,在巷道围岩产生大的变形过程中,围岩出现了严重的破坏——冒顶。

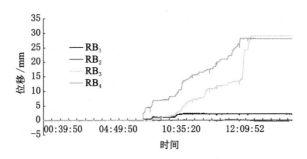

图 3-39 顶、底板相对位移变化曲线

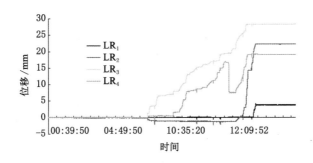

图 3-40 两帮相对位移变化曲线

3.6.5 支护作用分析

分析无支护和有支护情况下巷道围岩应力演化规律、破坏特征及表面位移可知：施加一定阻力的支护能使围岩体处于良好的承载状态，支护和围岩自身承载结构都能充分发挥作用，支护作用可归纳为以下几点：

（1）阻止围岩内部拉应力的出现，改善围岩应力状态。对比无支护和有支护（可缩 U 形钢＋金属网及气压芯模结构）的应力演化规律发现：巷道开挖后，及时施加支护能使围岩表面的应力状态得到明显改善，增大了深部围岩中的径向应力，减小了切向应力，从而降低了应力集中程度，缩小了主应力差，从而使围岩最大限度表现出三向受压状态下的围岩强度特征，有利于围岩自身承载结构的形成。

（2）一定程度上抑制了围岩的碎胀变形发展，减小围岩内部的变形量。开挖巷道后的高应力差会使围岩产生一定范围的破坏区，无支护情况下巷道围岩失去承载能力后，应力重新分布并向深部转移，使深部围岩进一步产生变形破坏，出现大松动破坏范围，以致出现冒顶等事故。支护阻力的存在使得破坏区围岩能保持一定的残余应力，有效控制破碎区发展和塑性软化区半径，减小破坏过程中的有害变形，降低支护难度。

（3）降低围岩的破坏程度，有效提高围岩自身承载结构强度。据模型试验结果分析知：围岩在破坏过程中具有破坏后再破坏的特点，无支护条件下，滑移裂缝的发展贯通交错使局部围岩变成破碎块体而垮落，围岩垮落加速了裂缝在深度方向的延伸扩展，围岩强度逐渐衰减，最终导致巷道的整体破坏。有支护条件下，施加支护阻力后，即使支护阻力较小，仍能起到减缓裂缝发展和减小裂缝扩展深度的作用，有利于围岩承载结构的形成。

（4）改善破裂岩体力学性能，利于围岩的二次稳定。巷道浅部围岩破坏后，围岩自身黏聚力、抗拉强度和内摩擦角等参数都发生了不同程度的劣化，强度发生了衰减。在无支护条件下，围岩强度的衰减将导致其力学参数进一步劣化，力学参数的劣化反之加剧了围岩的强度衰减，同时扩大了破坏区范围。施加支护后，这种恶性循环会被有效抑制，使围岩尽快处于二次稳定状态。

通过支护作用分析，巷道在无支护和有支护情况下对比可以看出：支护能够有效控制破坏后的围岩体继续变形破坏，围岩表面张拉破碎区的残余强度虽然较低，但是在径向约束条件下，一定的支护阻力阻止了碎胀变形的持续发展，支护阻力通过控制破碎区范围实现对围岩变形的控制作用，改善了围岩内部的受力环境和应力分布特征，从而保证巷道围岩的稳定。

3.7　本章小结

本章根据相似材料试验理论对模拟试验的相关物理量进行了推导计算，以山东郓城煤矿井下巷道为原型，设计制作了大尺度三维相似试验模型。采用了自行设计制作的气压芯模支护结构及改进的 U 形钢＋金属网支护结构，研究了巷道围岩变形破坏特征。

试验采用"先加载后开挖"的方式研究了深部开采巷道在不同支护形式下的开挖、变形破坏过程，对试验模型的分级加载过程、巷道围岩变形破坏特征、围岩内部应力变化规律、巷道表面位移变化以及支护作用机理进行了分析；实现了深部开采的巷道围岩变形破坏的真三维相似材料模拟；得到了深部开采高水平应力条件下的巷道围岩变形破坏特征。试验结果表明：在巷道顶、底板处形成了呈交错网状的剪切滑移裂缝带，是造成巷道破坏失稳的主要原因；在巷道开挖过程中，围岩内部及掘进面的主应力大小及方向随着开挖的进行而改变；一定的支护阻力改善了围岩的受力环境和应力分布，保证了巷道的稳定。

4　深部开采巷道围岩变形破坏特征及机理分析

4.1　围岩失稳机制及变形破坏形式

针对地下巷道、硐室围岩的破坏形态和破坏机理,国内外众多学者做了大量的研究工作,奥贾科比在其著作《实用地层控制》中详细介绍了矿山巷道、硐室围岩的破坏形式。王思敬等[135]在对实际地下工程分析研究的基础之上,对岩体结构常见的变形机制、变形方式及变形特征进行了总结归纳,见表4-1。

表 4-1　围岩失稳机制及破坏形式

失稳机制类型	破坏形式	力学机制	岩性	岩体结构
强度-应力控制型	岩爆	压应力高度集中导致突发脆性破坏	硬岩质	块状及厚层状结构
	劈裂剥落	压应力集中导致脆性拉裂		
	张裂塌落	拉应力集中导致张裂破坏		
	弯曲折断	压应力集中导致弯曲拉裂	硬岩质	层状及薄层状结构
	塑性挤出	围岩应力超过围岩屈服强度,向巷道内挤出	软弱夹层	夹层状结构
	内挤塌落	围压释放、围岩吸水膨胀、强度降低	膨胀性软质岩	层状结构
	松脱塌落	重力及拉应力作用下松动塌落	软质岩	散体及碎裂结构
弱面控制型	块体滑移塌落	重力作用下块体失稳	硬质岩（弱面组合）	块状及层状结构
混合控制型	碎裂松动	压应力集中导致剪切松动	硬质岩（结构面密集）	碎裂及镶嵌结构
	剪切滑移	压应力集中导致滑移拉裂	硬质岩（弱面组合）	块状及层状结构
	剪切破碎	压应力集中导致剪切破碎	硬质岩（结构面较稀疏）	块状及厚层状结构

岩体在不同受力状态下表现出不同的强度特征,分析岩体的破坏方式,可以发现无论外荷载作用方式如何,岩体的破坏主要由压应力和剪应力引起,压应力集中导致岩体剪切滑移

破坏是最普遍的破坏类型。

开挖巷道后围岩的变形破坏通常受岩性、赋存环境、岩层产状及岩层组合等因素控制，其变形破坏形式主要有：沿层面张裂滑移、折断塌落、弯曲内臌等。在倾斜层状岩体中，常表现为沿倾斜方向一侧岩层弯曲塌落，另一侧边墙岩块滑移破坏。

从机理来看，岩体的破坏类型主要包括张拉断裂、剪切断裂、塑性滑移和剪胀断裂[28,136-137]。

根据相似材料模拟试验的 3 个试验方案的模型剖切面可知：处于深部高水平应力条件下的巷道围岩均产生了不同程度的塑性剪切破坏，并形成了起始破坏点集中于顶、底板的剪切滑移裂缝，其破坏的最终形态如图 4-1 所示。从图 4-1 可以看出：巷道围岩的破坏有相似之处，即沿巷道顶板或两帮靠近顶板位置处均是裂缝的起始点，且发生在不同的位置处，顶、底板处的破坏起始点具有对称性特点。形成的剪切滑移裂缝将巷道的顶、底板在不同深度处的围岩交错分割为多个破坏单元体，如图 4-1(a)所示有支护时顶、底板围岩块状破坏，在支护作用下不致垮落，而图 4-1(b)所示无支护时的顶板大面积垮落。

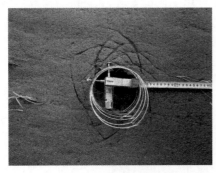
（a）可缩U形钢支护模型剖面图

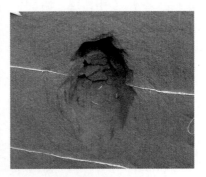
（b）无支护模型剖面图

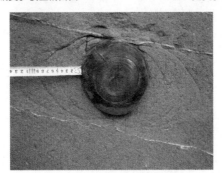
（c）气压芯模支护模型剖面图

图 4-1　试验结果剖面图

图 4-1(c)所示剪切滑移裂缝仅存在于巷道模拟层面，没有向顶、底板模拟层面发展贯通，说明顶、底板的岩体强度远高于巷道围岩的强度，剪切滑移裂缝在扩展的过程中在此处终止，所以水平应力大于垂直应力条件下的深部巷道围岩的变形破坏属于剪切滑移类型。

由相似材料模拟结果剖切面可以看出：深部高应力条件下开挖巷道后形成的破坏区形态可描述为如图 4-2 所示剪切滑移裂缝构成的区域。

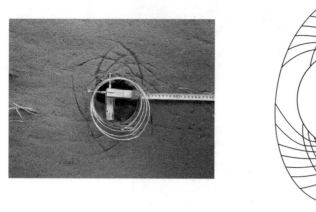
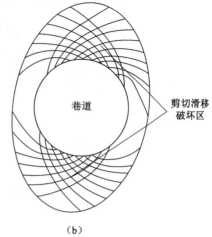

（a）　　　　　　　　　　　　（b）

图 4-2　剪切滑移裂缝示意图

4.2　围岩变形破坏特征现场实测

4.2.1　钻孔摄像测量系统

钻孔摄像测量系统的组成如图 4-3 所示。

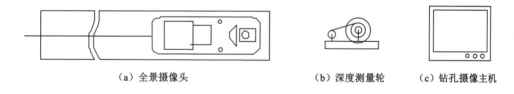

（a）全景摄像头　　　　　　（b）深度测量轮　　　　　　（c）钻孔摄像主机

图 4-3　钻孔摄像测量系统

（1）钻孔摄像测量系统硬件部分

钻孔摄像测量系统硬件部分由摄像探头、图像捕获卡、深度脉冲发生器、计算机、滑轮绞车及专用电缆等组成。其中全景摄像探头是该系统的关键设备，其内部包含可获得全景图像（图 4-4）的截头锥面反射镜、提供探测照明的光源、用于定位的磁性罗盘以及微型 CCD 摄像机。全景摄像探头采用了高压密封技术，因此可以在水中探测。深度脉冲发生器是该系统的定位设备之一，由测量轮、光电转角编码器、深度信号采集板以及接口板组成。深度脉冲发生器具有两个作用：① 确定探头的准确位置；② 系统可以实现测量深度（孔深）自动显示。

（2）钻孔摄像测量系统软件部分

钻孔摄像测量系统软件部分包括现场使用的实时图像采集与控制系统以及图像的无缝拼接、平面展开，如图 4-5 所示。

（3）钻孔摄像测量系统工作原理

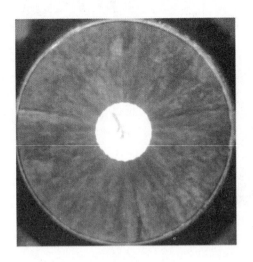

图 4-4　钻孔全景图像

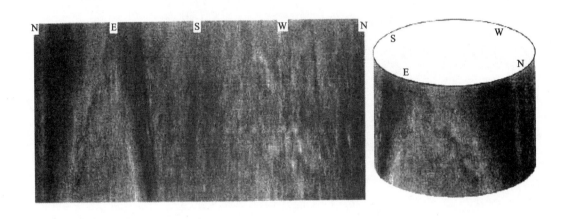

图 4-5　平面展开图和三维钻孔岩芯图

　　在推杆作用下,钻孔摄像探头进入围岩钻孔中;摄像光源照射孔壁上的摄像区域;孔壁图像经锥面反射镜变换后形成全景图像;全景图像与罗盘方位图像一并进入摄像机;摄像机将摄取的图像经专用电缆传输至视频分配器中,一路进入录像机,记录探测的全过程,另一路进入计算机内的采集卡中进行数字化;位于绞车上的测量轮实时测量探头所处位置,并通过接口板将深度值传输至计算机内专用端口;由深度值控制采集卡的采集方式;在连续采集方式下,全景图像被快速地还原成平面展开图,并实时显示出来,用于现场测试;在静止捕获方式下,全景图像被快速地存储起来,便于室内分析围岩内部破坏情况和塑性区范围,直至探头到达整个钻孔底部。

4.2.2　围岩内部破坏特征及分析

　　根据井下巷道实际变形情况,将钻孔测点分别布置在试验原型巷道的两帮及顶板处,钻孔窥视仪测试结果如图 4-6、图 4-7、图 4-8 所示。

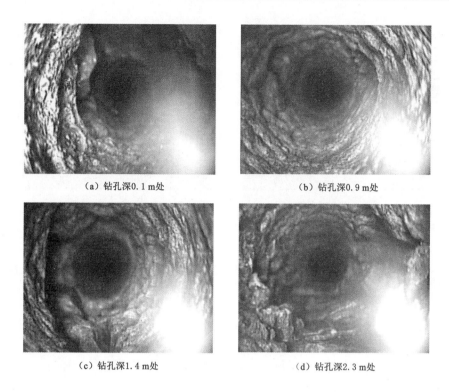

（a）钻孔深0.1 m处　　　　　　　　（b）钻孔深0.9 m处

（c）钻孔深1.4 m处　　　　　　　　（d）钻孔深2.3 m处

图 4-6　左帮钻孔内破坏情况

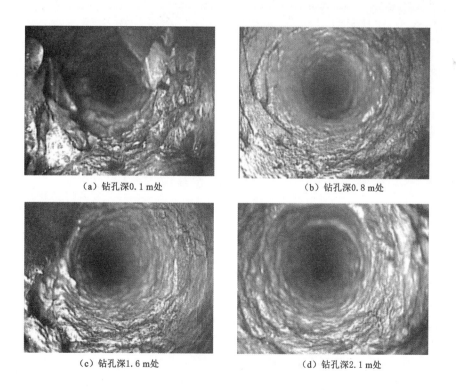

（a）钻孔深0.1 m处　　　　　　　　（b）钻孔深0.8 m处

（c）钻孔深1.6 m处　　　　　　　　（d）钻孔深2.1 m处

图 4-7　右帮钻孔内破坏情况

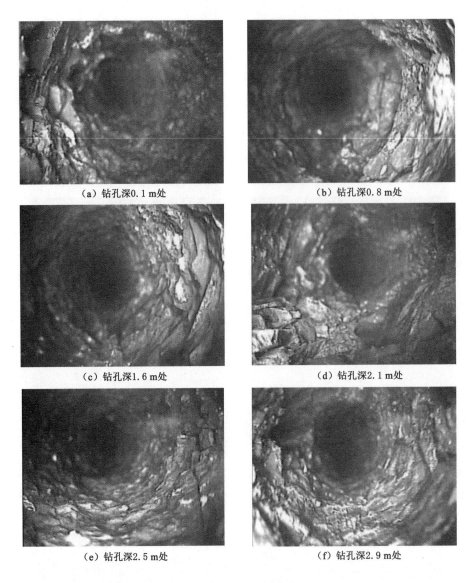

（a）钻孔深0.1 m处　　　　　　　　　（b）钻孔深0.8 m处

（c）钻孔深1.6 m处　　　　　　　　　（d）钻孔深2.1 m处

（e）钻孔深2.5 m处　　　　　　　　　（f）钻孔深2.9 m处

图 4-8　顶板钻孔内破坏情况

　　根据现场实测原型巷道围岩的变形破坏情况,左帮钻孔深度为 2.5 m,由图 4-6 所示钻孔内的图像可以看出围岩的破坏情况,在深度为 0.9 m、1.4 m、2.3 m 位置处均能观测到破碎严重的区域;右帮钻孔深度为 2.4 m,由图 4-7 所示钻孔内的图像可以分析围岩的破坏情况,在深度为 0.8 m、1.6 m、2.1 m 等位置处同样可以观测到破碎严重的区域。由顶板钻孔的观测可以看出:顶板完全处于破碎松散区域内,说明在巷道开挖过程中,在深部高应力作用下产生剧烈剪切破坏,顶板处存在多条交错的剪切滑移裂缝使巷道围岩破碎,而两帮的破坏裂缝恰是滑移裂缝扩展贯通所致,正如物理模拟试验和所得到现象是一致的,在深部高应力作用下,巷道顶板由于压应力集中而产生的剪切滑移裂缝是巷道破坏失稳的重要原因。

4.3 围岩变形破坏分析

岩石的破坏与能量的变化密切相关,能量转化是物质物理变化过程的本质。物质破坏是能量驱动下的一种状态失稳破坏现象。岩体中裂缝扩展方面的研究逐渐完善,其中岩体断裂力学就是一门研究有裂纹岩体的强度和裂缝扩展规律,利用断裂力学理论来解释岩体力学特性并指导工程实践的学科。本书从围岩破坏的能量变化角度分析初始裂缝的形成,结合断裂力学相关理论分析剪切滑移裂缝的发展,从而对深部开采条件下巷道围岩变形破坏机理进行研究。

4.3.1 围岩初始破裂的能量分析

岩体在变形破坏过程中始终不断地与外界交换着能量。岩体在受到外荷载作用时,弥散在岩体内部的微细缺陷不断演化,从无序分布逐渐向有序发展,从而形成宏观裂缝,最终宏观裂缝沿某一方位汇聚成大裂缝导致整体失稳,引起岩体的灾变。大量的研究发现:岩石的变形破坏过程实质上是能量耗散和释放的全过程,在突变瞬间主要以能量释放作为源动力[138]。

对于深部高应力巷道围岩的初始破坏,结合芬纳公式及相关研究成果,采用莫尔-库仑屈服条件,考虑极限平衡问题,对巷道开挖后围岩内部能量变化进行分析。

深部巷道围岩在巷道开挖前处于高压状态,围岩内部储存能量高。当岩石处于弹性范围时,其在三向压缩时的弹性能计算公式为:

$$u_3 = \frac{1}{2E}[\sigma_1^2 + \sigma_2^2 + \sigma_3^2 - 2\nu(\sigma_1\sigma_2 + \sigma_2\sigma_3 + \sigma_3\sigma_1)] \tag{4-1}$$

在平面应变条件下,则为:

$$u_3 = \frac{1-\mu^2}{2E}\left(\sigma_1^2 + \sigma_2^2 - \frac{2\mu}{1-\mu}\sigma_1\sigma_2\right) \tag{4-2}$$

设圆形巷道半径为 R_0,原岩应力为 p_0,巷道围岩为完整、均质岩石,假设所受荷载为轴对称荷载,岩石在破坏前为线弹性,强度条件为莫尔-库仑条件:

$$\sigma_1 = \frac{1+\sin\varphi}{1-\sin\varphi}\sigma_3 + \frac{2C\cos\varphi}{1-\sin\varphi} \tag{4-3}$$

由卡斯特纳方程得到弹性区的应力公式为:

$$\sigma_{\theta/r} = p_0 \pm (C\cos\varphi + p_0\sin\varphi)\left[\frac{(p_0 + C\cot\varphi)(1-\sin\varphi)}{C\cot\varphi}\right]^{\frac{1-\sin\varphi}{2\sin\varphi}}\left(\frac{R_0}{r}\right)^2 \tag{4-4}$$

令

$$A = (C\cos\varphi + p_0\sin\varphi)\left[\frac{(p_0 + C\cot\varphi)(1-\sin\varphi)}{C\cot\varphi}\right]^{\frac{1-\sin\varphi}{\sin\varphi}} \tag{4-5}$$

则式(4-5)可以简化为:

$$\sigma_{\theta/r} = p_0 \pm A\left(\frac{R_0}{r}\right)^2 \tag{4-6}$$

而极限平衡区的应力公式为:

$$\begin{cases} \sigma_\theta^k = C\cot\varphi\left[\dfrac{1+\sin\varphi}{1-\sin\varphi}\left(\dfrac{2\sin\varphi}{1-\sin\varphi}\right)-1\right] \\[3mm] \sigma_r^k = C\cot\varphi\left(\dfrac{2\sin\varphi}{1-\sin\varphi}-1\right) \end{cases} \tag{4-7}$$

令

$$\begin{cases} \xi = C\cot\varphi \\[2mm] \beta = \dfrac{1+\sin\varphi}{1-\sin\varphi} \\[2mm] \lambda = \dfrac{2\sin\varphi}{1-\sin\varphi} \end{cases}$$

则有：

$$\begin{cases} \sigma_\theta^k = \xi\left[\beta\left(\dfrac{r}{R_0}\right)^\lambda - 1\right] \\[3mm] \sigma_r^k = \xi\left[\beta\left(\dfrac{r}{R_0}\right)^\lambda - 1\right] \end{cases} \tag{4-8}$$

弹性区和极限平衡区的临界半径 R_k 为：

$$R_k = R_0\left[\frac{(p_0 + C\cot\varphi)(1-\sin\varphi)}{C\cot\varphi}\right]^{\frac{1-\sin\kappa}{2\sin\varphi}} \tag{4-9}$$

根据假设，极限平衡区围岩在破坏前的变形仍是弹性的。弹性区内的能量 u^e 为：

$$u^e = \frac{1}{E}\left[(1+\mu)(1-2\mu)p_0^2 + A^2(1+\mu)\left(\frac{R_0}{r}\right)^4\right] \quad (r > R_k) \tag{4-10}$$

u^e 随着 $r\to\infty$，一直是 r 的单调递减函数，u^e 的极值只可能在临界的弹性边界。

极限平衡区的弹性能为：

$$u^k = \frac{1}{2E}\xi^2\left\{\left[(1-\mu^2)(1+\beta^2)-2\mu(1+\mu)\beta\right]\left(\frac{r}{R_0}\right)^{2\lambda} + \right.$$
$$\left. \left[(4\mu^2+2\mu-2)(1+\beta)\right]\left(\frac{r}{R_0}\right)^\lambda - 2(2\mu^2+\mu-1)\right\} \quad (R_0 < r \leqslant R_k) \tag{4-11}$$

对式(4-11)求导得到：

$$u^k = \frac{1}{2E}\xi^2\left\{\left[(1-\mu^2)(1+\beta^2)-2\mu(1+\mu)\beta\right]\cdot 2\cdot\lambda\cdot\left(\frac{r}{R_0}\right)^{2\lambda-1} + \right.$$
$$2\cdot\lambda\cdot\left[(2\mu^2+\mu-1)(1+\beta)\right]\left(\frac{r}{R_0}\right)^{\lambda-1}\Bigg\}$$
$$= \frac{\lambda}{E}\xi^2\left(\frac{r}{R_0}\right)^{\lambda-1}\left\{\left[(1-\mu^2)(1+\beta^2)-2\mu(1+\mu)\beta\right]\left(\frac{r}{R_0}\right)^\lambda + \left[(2\mu^2+\mu-1)(1+\beta)\right]\right\}$$
$$\tag{4-12}$$

式中，$\dfrac{\lambda}{E}\xi^2\left(\dfrac{r}{R_0}\right)^{\lambda-1} > 0$；$\left(\dfrac{r}{R_0}\right)^\lambda \geqslant 1$。

岩石的泊松比 μ 在 $0.2\sim0.4$ 范围内，φ 等于 $30°$ 左右时一般满足：

$$\left[(1-\mu^2)(1+\beta^2)-2\mu(1+\mu)\beta\right]\left(\frac{r}{R_0}\right)^\lambda + \left[(2\mu^2+\mu-1)(1+\beta)\right] > 0 \tag{4-13}$$

所以从式(4-12)可以看出：u^k 是递增函数，从巷道围岩周边开始，弹性能的变化随着 r 增大而增大，进入弹性区后能量是单调递减的，因此巷道围岩体的能量分布存在极值，且极

值在 $r=R_k$ 位置处。巷道围岩的能量分布数值模拟结果如图 4-9、图 4-10 和图 4-11 所示。

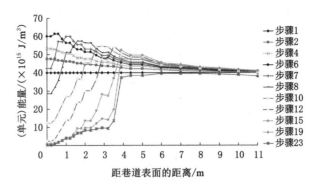

图 4-9　帮部围岩的能量分布

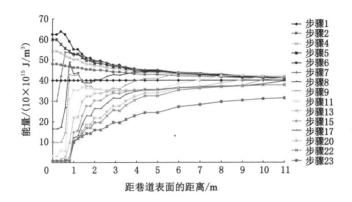

图 4-10　顶板围岩的能量分布

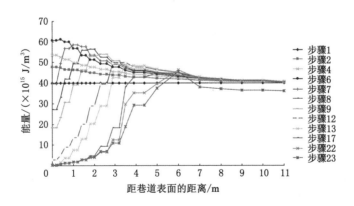

图 4-11　拱肩部位的能量分布

数值模拟结果表明:随着围岩的变形和破坏,能量极值出现位置动态地往深部转移。
极限平衡区域的总能量为:

$$U^k = \int_{R_0}^{R_k} u^k \, \mathrm{d}r \tag{4-14}$$

由非线性动力学的基本原理可知:这种围岩平衡系统的能量分布是不稳定的,不稳定点即能量的极值点位置($r=R_k$)。此时若对系统稍作扰动,系统就会寻找能量更低的状态以达到新的平衡,于是能量的高峰位置处出现破裂。破裂缝形成以后,从巷道周边到破裂缝内围岩应力进入一种较为稳定的低能态。但是在开挖巷道后,围岩内的应力重新分布,出现不同程度的应力调整,在应力集中位置处会出现多条破裂缝,正如物理模拟试验剖切面图所示的巷道顶、底板为压应力集中位置,是初始破坏的起始点。

4.3.2　围岩裂缝扩展的断裂力学分析

由于受应力环境和巷道断面的影响,围岩有可能处于受拉、受压、受剪及其组合状态,各种状态下初始裂缝的发展情况是不同的。根据巷道围岩破裂的能量分析可知:深部高应力巷道工程开挖以后,会在巷道浅部首先出现一些初始裂缝,且这些初始裂缝处于压应力集中剪切状态,并随着应力重新分布进一步扩展和贯通。

结合断裂力学在岩体破坏机理方面的相关研究[139],应用断裂力学相关理论从裂纹发展的角度对剪切滑移裂缝的形成过程进行分析。

4.3.2.1　断裂力学基本理论

（1）裂纹的三种基本类型[140]

欧文将简单裂纹分为三种类型,如图 4-12 所示。Ⅰ型裂纹代表在垂直于裂纹面的拉应力作用下裂纹表面位移垂直于裂纹面的情况,称为张开型;Ⅱ型及Ⅲ型裂纹代表在剪应力作用下裂纹表面互相滑移的情况,称为剪切型裂纹,其中Ⅱ型裂纹称为面内剪切型裂纹,Ⅲ型裂纹称为面外剪切型或反平面裂纹。

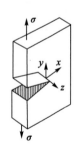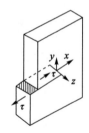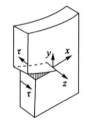

（a）Ⅰ型裂纹（张开型）　　**（b）Ⅱ型裂纹（滑开型）**　　**（c）Ⅲ型裂纹（撕开型）**

图 4-12　裂纹基本类型

（2）裂纹尖端应力场

对于Ⅰ型裂纹,其端部应力场为:

$$\begin{cases} \sigma_{xx} = \dfrac{K_1}{\sqrt{2\pi r}}\cos\dfrac{\theta}{2}\left(1-\sin\dfrac{\theta}{2}\cdot\sin\dfrac{3\theta}{2}\right)+o(r^{-1/2}) \\[3mm] \sigma_{yy} = \dfrac{K_1}{\sqrt{2\pi r}}\cos\dfrac{\theta}{2}\left(1+\sin\dfrac{\theta}{2}\cdot\sin\dfrac{3\theta}{2}\right)+o(r^{-1/2}) \\[3mm] \sigma_{xy} = \dfrac{K_1}{\sqrt{2\pi r}}\cos\dfrac{\theta}{2}\sin\dfrac{\theta}{2}\cos\dfrac{3\theta}{2}+o(r^{-1/2}) \end{cases} \tag{4-15}$$

式中　K_1——Ⅰ型裂纹的应力强度因子。

对于Ⅱ型裂纹,其端部应力场为:

$$\begin{cases} \sigma_{xx} = -\dfrac{K_{\mathrm{II}}}{\sqrt{2\pi r}}\sin\dfrac{\theta}{2}\left(2+\cos\dfrac{\theta}{2}\cdot\cos\dfrac{3\theta}{2}\right)+o(r^{-1/2}) \\[2mm] \sigma_{yy} = \dfrac{K_{\mathrm{II}}}{\sqrt{2\pi r}}\cos\dfrac{\theta}{2}\sin\dfrac{\theta}{2}\cos\dfrac{3\theta}{2}+o(r^{-1/2}) \\[2mm] \sigma_{xy} = \dfrac{K_{\mathrm{II}}}{\sqrt{2\pi r}}\cos\dfrac{\theta}{2}\left(1-\sin\dfrac{\theta}{2}\cdot\sin\dfrac{3\theta}{2}\right)+o(r^{-1/2}) \end{cases} \tag{4-16}$$

式中 K_{II}——II 型裂纹的应力强度因子，$K_{\mathrm{II}}=\tau\sqrt{\pi a}$。

对于 III 型裂纹，其端部应力场为：

$$\begin{cases} \sigma_{xz} = -\dfrac{K_{\mathrm{III}}}{\sqrt{2\pi\cdot r}}\sin\dfrac{\theta}{2}+o(r^{-1/2}) \\[2mm] \sigma_{yz} = \dfrac{K_{\mathrm{III}}}{\sqrt{2\pi\cdot r}}\cos\dfrac{\theta}{2}+o(r^{-1/2}) \end{cases} \tag{4-17}$$

将 I、II、III 型 3 种裂纹端部的应力场归纳为统一的形式：

$$\sigma_{ij} = \frac{K_J}{\sqrt{2\pi\cdot r}}f_{ij}^{J}(\theta)+o(r^{-1/2}) \tag{4-18}$$

式中 K_J——应力强度因子；

f_{ij}^{J}——不同类型裂纹端部的不同应力分量关于 θ 的函数；

$o(r^{-1/2}),o(r^{1/2})$——比 $r^{-1/2}$ 和 $r^{1/2}$ 更高阶的小量。

(3) 裂纹扩展准则

综合受力情况下的裂纹起裂及扩展方向一直是人们关注的焦点，这些又与断裂判据相关。在综合应力环境下，裂纹的扩展准则有：

① 最大周向应力理论。

该理论假设：裂纹的初始扩展方向是沿着裂纹前端的最大周向拉应力方向，当轴向应力达到扩展方向的临界值时裂纹开始扩展。对于 I 和 II 型复合型裂纹，裂端区周向应力 σ_θ 和剪切应力 $\tau_{r\theta}$ 为：

$$\begin{cases} \sigma_\theta = \dfrac{1}{\sqrt{2r}}\cos\dfrac{\theta}{2}\left[K_{\mathrm{I}}\cos^2\dfrac{\theta}{2}-\dfrac{3}{2}K_{\mathrm{II}}\sin\theta\right] \\[2mm] \tau_{r\theta} = \dfrac{1}{\sqrt{2r}}\cos\dfrac{\theta}{2}\left[K_{\mathrm{I}}\sin\theta+K_{\mathrm{II}}(3\cos\theta-1)\right] \end{cases} \tag{4-19}$$

对 σ_θ 求偏导，得：

$$\frac{\partial\sigma_\theta}{\partial\theta} = -\frac{3}{4\sqrt{2r}}\cos\frac{\theta}{2}\left[K_{\mathrm{I}}\sin\theta+K_{\mathrm{II}}(3\cos\theta-1)\right] \tag{4-20}$$

设式 (4-20) 等于 0，且与式 (4-19) 比较可知：最大周向应力方向即 $\tau_{r\theta}$ 为 0 的方向，故最大周向应力就是主应力，确定开裂角 θ_0 的方程为：

$$\cos\frac{\theta_0}{2}\left[K_{\mathrm{I}}\sin\theta_0+K_{\mathrm{II}}(3\cos\theta_0-1)\right]=0 \tag{4-21}$$

因为 $\cos\dfrac{\theta_0}{2}=0$ 时，$\theta_0=\pm\pi$ 不可能是开裂角，因此开裂角的方程为：

$$K_{\mathrm{I}}\sin\theta_0+K_{\mathrm{II}}(3\cos\theta_0-1)=0 \tag{4-22}$$

失稳断裂判据为最大周向应力大于临界值 $(\theta_0)_{\mathrm{cr}}$，即

$$(\theta_0)_{\max} \geqslant (\theta_0)_{\mathrm{cr}} \tag{4-23}$$

或

$$\lim_{r \to 0} \sqrt{2r}\,(\theta_0)_{\max} \geqslant 临界值 \tag{4-24}$$

式中　θ_0——开裂角。

② 最小应变能密度因子理论。

该理论综合考虑了裂纹尖端附近 6 个应力分量的作用,计算出裂纹尖端附近局部的应变能密度,并在以裂纹尖端为圆心的同心圆上比较局部的应变能密度,从而建立裂纹扩展的开裂判据。假设裂纹沿着应变能密度因子最小的方向扩展,裂纹扩展方向的应变能密度因子 S 达到临界值时,裂纹开始扩展。考虑二维的裂纹问题,受到 Ⅰ、Ⅱ、Ⅲ 型三种荷载的作用。裂纹前端是平直的,平面应变时在 P 点的应变能密度为:

$$\frac{\mathrm{d}U}{\mathrm{d}V} = \frac{1}{r}(a_{11}K_{\mathrm{I}}^2 + 2a_{12}K_{\mathrm{I}}K_{\mathrm{II}} + a_{22}K_{\mathrm{II}}^2 + a_{33}K_{\mathrm{III}}^2) \tag{4-25}$$

式中,

$$a_{11} = \frac{1}{16\mu}(3 - 4\nu - \cos\theta)(1 + \cos\theta)$$

$$a_{12} = \frac{1}{16\mu}2\sin\theta[\cos\theta - (1 - 2\nu)]$$

$$a_{22} = \frac{1}{16\mu}[4(1 - \nu)(1 - \cos\theta) + (1 + \cos\theta)(3\cos\theta - 1)]$$

$$a_{33} = \frac{1}{4\mu}$$

在 K 场区所有位置的应变能密度中,周界上的应变能密度对断裂的产生起决定性作用。因此,定义应变能密度因子 S 为:

$$S = r_0 \left.\frac{\mathrm{d}U}{\mathrm{d}V}\right|_{V=V_0} \tag{4-26}$$

此应变能密度因子只是极坐标 θ 的函数,与另一个变量 r 无关。根据 S 为描述裂端力学行为的参量,在外荷载给定的情况下,薛昌明提出下列两个假说:

a. 裂纹扩展的方向为 S 的一个局部极小值的方向,$\left.\dfrac{\partial S}{\partial \theta}\right|_{\theta=\theta_0} = 0$。这里 θ_0 为裂纹扩展角,或称为开裂角。

b. 当此 S 为极小值时,即 $S_{\min} = S(\theta_0)$,达到或超过临界值 S_{cr} 时,就发生失稳断裂。

(3) 最小应变能密度因子理论

最大能量释放率理论的基本思想与 Griffith 能量理论的基本思想是相同的,即裂纹的虚拟扩展引起总势能的释放,当释放的能量等于形成新断裂面所需的能量时,裂纹起裂。

4.3.2.2　压剪作用下的初始裂缝受力状态

根据能量分析可知:在压应力集中区会产生多条初始破坏裂缝,在荷载作用下,垂直于最大主应力方向的裂缝会闭合;另一部分与最大主应力方向成某一角度的裂缝受法向与切向应力的共同作用,法向应力使裂缝闭合并产生抵抗滑移的摩擦阻力,而切向应力使裂缝产生切向变形并发生滑移破坏。由于裂缝扩展必须要克服裂缝面上的黏聚力与摩擦力的作用,所以最可能首先发生扩展的裂缝的方向为有效剪应力最大的方向。根据莫尔-库仑准则,裂缝面上的有效剪应力可表示为:

$$\tau' = \tau - (C_s + f_s\sigma) \tag{4-27}$$

式中 τ'——有效剪应力,MPa;

  τ——裂缝面上的剪应力;MPa;

  C_s——裂缝面上的黏聚力;MPa;

  f_s——裂缝面上的摩擦系数,$f_s = \tan\varphi_s$;

  σ——裂缝面上的法向应力;MPa;

  φ_s——摩擦角,(°)。

裂缝的受力如图 4-13 所示,倾角为 β 的裂缝上作用的法向应力和切向应力与主应力之间的关系式为:

$$\begin{cases} \sigma = \dfrac{\sigma_1 + \sigma_3}{2} + \dfrac{\sigma_1 - \sigma_3}{2}\cos 2\beta \\[2mm] \tau = \dfrac{\sigma_1 - \sigma_3}{2}\sin 2\beta \end{cases} \tag{4-28}$$

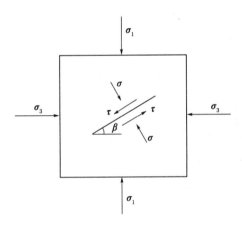

图 4-13 裂缝受力示意图

因此有:

$$\tau' = \frac{\sigma_1 + \sigma_3}{2}\sin 2\beta - \left[C_s + f_s\left(\frac{\sigma_1 + \sigma_3}{2} + \frac{\sigma_1 - \sigma_3}{2}\cos 2\beta \right) \right] \tag{4-29}$$

岩体中最大可能首先发生起裂的裂缝的角度应满足如下关系式:

$$\frac{\mathrm{d}\tau'}{\mathrm{d}\beta} = 0 \tag{4-30}$$

即

$$\beta = \frac{\pi}{4} + \frac{\varphi}{2} \tag{4-31}$$

式中 φ——裂缝结构的摩擦角。

因此,在受压剪作用的岩体中,最有可能首先发生起裂的原始裂缝与最大主应力方向之间的夹角小于 45°。由相似材料模拟剖切面的实测结果可知:裂缝的初始起裂角度约为 30°,与此分析结果基本吻合。

虽然还受初始裂缝的尺寸大小、抗剪强度等多因素的影响,在同样的外荷载作用下,岩体中很可能在其他方向形成初始裂缝,但是处于最大可能发生起裂的方向上的裂缝构成了发生破坏的主控初始弱通道,也是岩体开始破坏的基础。同时它们的起裂方向也控制了岩体最终发生剪切破坏的主方向。

4.3.2.3 压剪作用下的裂缝扩展分析

大量的研究结果表明:在受压状态下,岩体中存在一个主控方向,处于该方向的初始裂缝最容易开裂[141]。初始裂缝破坏时,在初始裂缝的尖端处往往首先以某一角度产生翼裂纹。翼裂纹为张拉破坏,其扩展方向发生变化并逐渐接近于与最大主应力平行的方向。除翼裂纹外,初始裂缝的端部还有可能出现次生裂纹和分枝裂纹。次生裂纹为压剪破坏,其方向一般与初始裂缝保持一致或者与翼裂纹的方向相反。裂纹受压剪作用时,裂纹尖端存在压应力集中,会使裂纹尖端形成压剪破坏,该破坏使原生裂纹产生次生裂纹。由相似材料模拟试验结果可知:巷道顶、底板的围岩剪切滑移裂缝的发展趋势同次生裂纹的发展趋势一样,与初始裂缝保持同一个方向扩展。因此以次生裂纹的形成和发展来说明巷道围岩破坏后所形成的剪切滑移裂缝。剪切滑移裂缝和次生裂纹的形成和发展如图 4-14 所示。

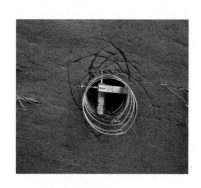
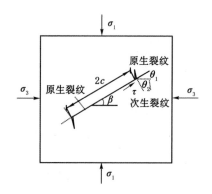

（a）剪切滑移裂缝　　　　　（b）次生裂纹的形成与扩展

图 4-14　裂纹的形成与扩展过程

岩石的压剪破坏是产生次生裂纹的直接原因,故可通过岩石强度准则来推求其发展方向,以下按莫尔-库仑准则进行分析。根据断裂力学理论可以得出裂纹尖端的应力场的公式,用主应力表示为:

$$\sigma_{1,3} = \frac{1}{\sqrt{2\pi r}} \left[\left(K_{\text{I}} \cos \frac{\theta}{2} - K_{\text{II}} \sin \frac{\theta}{2} \right) \pm \frac{1}{2} \sqrt{\left(K_{\text{I}} \sin \theta + 2 K_{\text{II}} \cos \theta \right)^2 + K_{\text{II}}^2 \sin^2 \theta} \right]$$

$$(4\text{-}32)$$

按莫尔-库仑准则,当岩石中的剪应力与其剪切强度相等时岩石将破坏,即

$$\bar{\tau} = C + \sigma f \tag{4-33}$$

定义岩石中剪切面上的有效剪应力为:

$$\tau' = \tau - (C + \sigma f) \tag{4-34}$$

式(4-34)可以改写成:

$$\tau' = \frac{\sigma_1 - \sigma_3}{2} - \left(\frac{\sigma_1 + \sigma_3}{2} + \frac{c}{f} \right) \sin \varphi$$

$$= \frac{1}{\sqrt{2\pi r}}\left[\frac{1}{2}\sqrt{(K_{I}\sin\theta+2K_{II}\cos\theta)^{2}+K_{II}^{2}\sin^{2}\theta}-\left(K_{I}\cos\frac{\theta}{2}-K_{II}\sin\frac{\theta}{2}\right)\sin\varphi\right]-\frac{c}{f}\sin\varphi$$

$$(4-35)$$

与最大周向拉应力类似,可以认为岩石中的有效剪应力最大的方向为次生裂纹首先扩展的方向,因此有:

$$\frac{\partial \tau'}{\partial \theta}=0 \tag{4-36}$$

即

$$\frac{(K_{I}\sin\theta+2K_{II}\cos\theta)(K_{I}\cos\theta-2K_{II}\sin\theta)+K_{II}^{2}\sin\theta\cos\theta}{2\sqrt{(K_{I}\sin\theta+2K_{II}\cos\theta)^{2}+K_{II}^{2}\sin^{2}\theta}}$$

$$+\frac{\left(K_{I}\sin\frac{\theta}{2}+K_{II}\cos\frac{\theta}{2}\right)\sin\varphi}{2}=0 \tag{4-37}$$

对于压剪状态闭合裂纹,法向压应力使裂纹闭合,裂纹直接传递压应力,此时法向压应力对裂纹尖端产生的应力集中可以忽略。此时,有效剪切应力公式可改写为如下形式:

$$\tau'=\frac{1}{\sqrt{2\pi r}}\left(\frac{\sqrt{K_{II}^{2}(3\cos^{2}\theta+1)}}{2}+K_{II}\sin\frac{\theta}{2}\sin\varphi\right)-\frac{c}{f}\sin\varphi \tag{4-38}$$

对式(4-38)求导并令其等于0,可求出最大有效剪应力的方向θ_{0}。可得出θ_{0}满足如下等式:

$$18\cos^{3}\theta_{0}+(3\sin^{2}\varphi-18)\cos^{2}\theta_{0}+\sin^{2}\varphi=0 \tag{4-39}$$

由式(4-39)可以计算最大可能开裂方向。

如果翼裂纹首先出现,在翼裂纹产生后,裂纹尖端积聚的应变能一部分得到释放,但翼裂纹产生与扩展后,该压应力集中区依然存在,而且裂纹尖端的压应力量值仍然很大。随着外荷载的增大,应力集中现象越明显。当该区岩石中的剪切力超过其抗剪强度时,将产生新的剪切破坏带,该破坏带即翼裂纹产生后的次生裂纹。

围岩的失稳破坏在很大程度上是岩体中裂纹扩展、复合导致的。裂纹之间的相互作用,改变裂纹尖端的应力强度因子,并使裂隙的扩展偏离其扩展方向,进而使裂纹间产生不同形式的扩展、交叉,进而使围岩失稳。次生裂纹间的贯通模型如图 4-15 所示,与图 4-14(a)所示剪切滑移裂缝发展趋势是一致的。

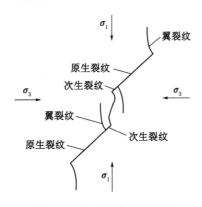

图 4-15　次生裂纹贯通模式

4.4　围岩剪切滑移裂缝形态分析

为分析说明深部开采巷道围岩破坏后形成的剪切滑移裂缝形态,以圆形巷道侧压力系数 $\lambda=1$ 的情形为例进行分析。巷道开挖后围岩应力重分布,在巷道壁附近,径向应力 σ_r 迅速降低,而切向应力 σ_θ 迅速升高。如果岩体强度较低,则该应力状态的应力圆与强度包络线相切,达到极限平衡状态,如图 4-16(b)所示。

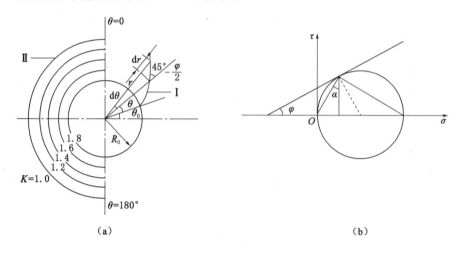

图 4-16　塑性区滑移线

此后切向应力 σ_θ 不再增大,高应力区向围岩深处扩展,达到极限平衡的区域范围扩大,围岩中形成塑性区。由图 4-16(b)可知:在塑性区域内与最大主应力成 $45°-\dfrac{\varphi}{2}$ 方向上逐渐产生塑性滑移,并形成两组与最大主应力迹线成 $45°-\dfrac{\varphi}{2}$ 的滑移面[图 4-16(a)]。当 $\lambda=1$ 时,圆形巷道周围的塑性区域呈环状分布,最大主应力迹线也是环状的同心圆,因而滑移线为对数螺旋线。

由图 4-16(b)可知:最大主应力面与剪切破裂面的夹角为 $45°-\dfrac{\varphi}{2}$。如图 4-16(a)所示,设圆形巷道边界上一点的极坐标 (R_0,θ_0),滑移线上任意一点 $M(r,\theta_0+\theta)$,由此可得:

$$\mathrm{d}r = r\mathrm{d}\theta\tan\left(45°-\frac{\varphi}{2}\right) \tag{4-40}$$

将式(4-40)整理后并积分得:

$$\int_{R_0}^{r} \frac{\mathrm{d}r}{r} = \tan\left(45°-\frac{\varphi}{2}\right)\int_{\theta_0}^{\theta}\mathrm{d}\theta \tag{4-41}$$

$$\ln r - \ln R_0 = (\theta-\theta_0)\tan\left(45°-\frac{\varphi}{2}\right)$$

由此可得:

$$r = R_0\exp\left[(\theta-\theta_0)\tan\left(45°-\frac{\varphi}{2}\right)\right] \tag{4-42}$$

根据图 4-1 所示剪切滑移线形态,取剪切滑移线上的特征点利用 MATLAB 软件对式(4-42)进行修正,修正系数为 0.92。

最终得到相似材料模拟试验中所产生的剪切滑移线修正公式:

$$r = 0.92R_0 \exp\left[(\theta - \theta_0)\tan(45° - \frac{\varphi}{2})\right] \tag{4-43}$$

$\lambda \neq 1$ 时,即在水平方向应力大于垂直方向应力的情况下,巷道开挖后裂缝的起始点从压应力集中的巷道顶、底板位置开始扩展,在巷道围岩中不断发展贯通,形成集中于顶、底板的螺旋状剪切滑移裂缝,如相似材料模拟试验各方案的剖面所示,造成巷道的顶板、底板形成螺旋曲线状的交错破坏现象。

4.5　本章小结

(1) 以巷道围岩破坏失稳机制和破坏形式的研究成果为基础,结合相似材料模拟试验及原型巷道变形破坏的现场实测结果,可知深部开采高水平应力条件下的巷道围岩破坏形式为压应力集中的塑性剪切破坏。

(2) 从能量分析和断裂力学的角度出发,研究了巷道围岩初始破坏裂缝的产生原因及裂缝扩展、贯通发展过程,最终在巷道围岩不同位置处形成了螺旋状剪切滑移裂缝。

(3) 以圆形巷道均压情况为例,对形成的剪切滑移裂缝的形态进行了数学描述,其形态为螺旋状曲线,并应用 MATLAB 软件进行了修正,从而得出深部开采高水平应力条件下,剪切滑移裂缝主要集中于受压应力集中的顶、底板,剪切滑移裂缝的扩展、贯通导致深部高应力巷道围岩破坏失稳。

(4) 由于半圆直墙拱形巷道围岩应力分布与圆形巷道围岩应力分布特征相似,在围岩与原岩边界处趋近于原岩应力,其不同之处是在圆形巷道的四角产生的集中应力比半圆直墙拱形的小,以圆形巷道为例进行研究,通过修正可用于分析半圆直墙拱形断面巷道。

5 深部开采巷道围岩变形破坏数值模拟试验

由于巷道位于深部高应力场中,随着深度增大,应力不断增大。如果支护方式或参数选择不合理,巷道围岩将失稳破坏,直接影响正常生产和安全。因此,对高应力场中巷道变形破坏规律进行研究和对塑性破坏区进行准确描述,为正确设计支护方式提供科学依据。正确的支护方式不仅可以保证生产系统的可靠性和安全性,还可以获得节约支护成本的效果。

巷道围岩在深部高应力作用下,由于围岩赋存条件不同,其变形破坏的程度不同,在力学特征上表现为塑性区范围、形状和结构的不同。因此以塑性区特征为研究巷道围岩变形破坏的对象,将对深部巷道围岩控制起指导性的作用。

虽然相似材料模型试验可以形象、直观地反映高应力条件下巷道围岩的变形破坏过程,但是由于试验周期长、成本高,很难对现场所有可能出现的情况进行试验分析。因此,为了探索不同条件下巷道围岩变形破坏时塑性区的特征,将采用数值模拟试验的方法进行研究分析。

由于数值模拟是建立在一系列假设和简化基础之上的,所以按照相似材料模拟的条件建立数值模拟模型并进行分析,目的是检验数值模型与物理模型的吻合度,为不同条件下的模拟提供体现实际且较可靠的数值模拟模型。

根据煤矿巷道围岩控制理论和工程实践,围岩塑性破坏区的特征与地应力的大小和水平与垂直应力差有关。相同条件下,地应力越大,塑性破坏区范围越大。然而到目前为止并未对塑性破坏区随着水平与垂直应力差,即随着侧压力系数变化的规律进行深入研究。况且深部开采地应力的主要特点之一是侧压力系数大于1。因此,为了了解塑性破坏区随侧压力系数变化的规律和指导围岩控制,对不同侧压力系数条件下形成的塑性破坏区的特征和变化规律进行数值模拟研究。

塑性破坏区的特征一方面取决于巷道围岩地应力的大小和水平与垂直应力差的大小,另一方面取决于围岩物理力学性质。在诸多围岩性质中,塑性区的特征受区内围岩残余应力的影响最大,直接影响塑性区的大小和形状。而围岩残余强度主要取决于围岩自身的性质——黏聚力、内摩擦角。相关研究结果表明[96-97]:岩石试样在压缩过程中,黏聚力快速降低,而内摩擦角几乎保持不变。因此,为了了解黏聚力变化对塑性区的影响程度,对塑性区随黏聚力的变化产生的影响进行分析。此外,对破坏后的巷道围岩施加主动支护(如锚杆、锚索和注浆支护)会增强塑性区围岩的黏聚力,因此掌握塑性区围岩随黏聚力的变化规律,有利于支护方案的选择与确定。

综上所述,按相似材料模拟无支护原型,对无支护、不同侧压力系数和不同残余强度3个方案开展数值模拟研究,分析深部高应力作用下巷道围岩变形破坏规律。

5.1 数值模拟模型的建立

数值模拟方法已被学术界乃至工程界广泛接受。自数值模拟方法被引入岩体工程中就成为一种非常有效的研究手段,而且随着计算机和计算技术的发展,数值模拟方法的重要性不断提高。

5.1.1 数值模拟软件的选择

数值模拟方法作为一种解决采矿与岩土力学问题的有力工具:在求解析解存在困难的时候,它有着显著的优越性,可以考虑多个影响因素,进行众多方案的快速比较;在参数敏感性分析中具有明显优势;大部分数值模拟软件还具有强大的前处理和后处理功能,显著提高了输入和输出结果的可视化程度。对于岩体工程,数值计算方法的选择,取决于研究对象,即岩体工程结构的岩石力学性质和数值计算的目的。在高应力条件下,大部分围岩处于峰后应力状态,根据岩石全应力-应变关系曲线,岩体在达到极限强度后,其变形进入塑性软化阶段,该阶段岩体塑性软化强度随应变的增大逐渐衰减至残余强度。对于深部工程的巷道围岩,已破坏的岩体塑性软化强度同岩体残余强度是相等的;弹塑性区边界上的岩体处于临界状态,没有产生裂纹和塑性软化,其塑性软化强度同岩体的极限抗压强度相等;同时岩体开挖后,应力扰动形成塑性区,塑性区岩体在应力场持续作用下进一步损伤弱化,导致巷道围岩宏观上进一步变形破坏[142]。

由于岩体力学的复杂性,要建立完全反映岩体结构特征的模型是很难实现的。根据深部高应力条件下岩体变形破坏规律的分析研究,进行数值模拟计算时选用 FLAC³D 中的应变软化模型。FLAC³D 即三维快速拉格朗日分析软件,是一种基于三维显式有限差分法的数值分析软件,由美国 Itasca Consulting Group Inc. 开发。FLAC³D 程序建立在拉格朗日算法的基础上,特别适合模拟分析大变形和扭曲。FLAC³D 采用显式算法来获得模型全部运动方程(包括内变量)的时间步长解,从而可以追踪材料的渐进破坏和垮落,能很好地模拟岩体、土体、锚杆、锚索等多种结构形式以及分析复杂的岩土工程或力学问题[143]。

5.1.2 数值模拟本构模型

深部巷道在高应力作用下,岩体单元多数处于极限强度应力状态,根据岩体全应力-应变关系曲线,岩体在达到极限强度后,其变形进入塑性软化阶段,该阶段岩体塑性软化强度随应变的增大逐渐衰减至残余强度[92-95]。

FLAC³D 中的应变软化模型是基于与剪切流动法则不相关联而与拉力流动法则相关联的莫尔-库仑模型的一种本构模型,差别在于塑性屈服后,黏聚力、摩擦角、剪涨扩容和抗拉强度可能发生变化。

很多学者对应变软化数值模型的建立进行了深入研究,如沈新普等[144]给出了完整的弹塑性本构积分的数值格式和增量型弹塑性有限元求解算法;杨超等[145]运用霍克提出的由主应力圆包络线确定黏聚力和内摩擦角等效值和曲线拟合方法,研究了围压对软岩峰后软化特性的影响和软岩的宏观物理性能参数峰后应变软化规律等。

5.1.2.1 屈服函数及塑性修正

实际的岩石应力-应变关系曲线达到屈服点之前,曲线不是完全线性的,但是对于大多数岩石,应力-应变关系曲线近似取直线形式,以产生线弹性变形为主,岩石力学中广泛应用的线性弹性理论就是建立在这个假定基础之上的。因此,认为应力-应变关系曲线(σ-ε)达到屈服点之前曲线是线性的,在此阶段只产生弹性应变($\varepsilon=\varepsilon^e$),材料屈服后,总应变由弹性应变与塑性应变两部分组成($\varepsilon=\varepsilon^e+\varepsilon^p$),应力-应变关系曲线如图 5-1 所示。

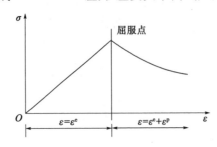

图 5-1 应力-应变关系曲线

岩体在峰值点应力状态下产生塑性屈服,采用莫尔-库仑屈服准则:

$$\begin{cases} f^s = \sigma_1 - \sigma_3 N + 2c\sqrt{N_\Phi} \\ N_\Phi = \dfrac{1+\sin\varphi}{1-\sin\varphi} \end{cases} \tag{5-1}$$

若受拉,则屈服函数定义为:

$$f^t = \sigma^t - \sigma_3 \tag{5-2}$$

剪切势函数 g^s 对应于非关联的流动法则,其表达式如下:

$$g^s = \sigma_1 - \sigma_3 N_\Phi \tag{5-3}$$

势函数 g^t 对应于拉应力破坏的相关联流动法则,其表达式如下:

$$g^t = -\sigma_3 \tag{5-4}$$

5.1.2.2 软化参数

屈服后开始软化但仍然具有一定的残余强度,通过用户自定义黏聚力 c、摩擦角 φ、剪胀角 γ 等变量作为总应变中塑性应变部分 ε^p 的分段函数,来描述塑性屈服开始后黏聚力 c、摩擦角 φ、剪胀角 γ 逐渐弱化的现象。此时,总应变由弹性应变与塑性应变两部分组成,$\varepsilon=\varepsilon^e+\varepsilon^p$,其中塑性剪切应变 ε^{ps} 的增量形式定义如下:

$$\Delta\varepsilon^{ps} = \left[\frac{1}{2}(\Delta\varepsilon_1^{ps} - \Delta\varepsilon_m^{ps})^2 + \frac{1}{2}(\Delta\varepsilon_m^{ps})^2 + \frac{1}{2}(\Delta\varepsilon_3^{ps} - \Delta\varepsilon_m^{ps})^2 \right]^{\frac{1}{2}} \tag{5-5}$$

式中,$\Delta\varepsilon_m = \dfrac{1}{3}(\Delta\varepsilon_1 + \Delta\varepsilon_3)$。$\Delta\varepsilon_1$ 和 $\Delta\varepsilon_3$ 是塑性应变主增量。

ε^{pt} 用于计算累计的张拉塑性应变,其增量定义为 $\Delta\varepsilon^{pt} = \Delta\sigma_3^{pt}$。

5.1.3 模型的建立

模拟对象仍选择与相似材料模拟试验相同的原型,即郓城煤矿-860 m 井底车场附近的石门及电机车修理间绕道,相关条件参见第 3 章。

5.1.3.1 基本假设

空间计算需要耗费巨大的计算机资源,考虑计算效率的优化,对现场的施工过程进行了简化,忽略了一些相对次要的因素。计算基于以下假定:

(1) 对于巷道直接顶底板及煤层,计算模型取为考虑应变软化的莫尔-库仑模型,其他均取为理想弹塑性模型。

(2) 岩体的变形是各向同性的。

(3) 忽略围岩流变效应的影响。

5.1.3.2 屈服准则和网格划分

采用莫尔-库仑屈服准则判断岩体的破坏,采用应变软化模型反映岩体破坏后随变形发展承载能力逐渐降低的特点。

莫尔-库仑强度屈服准则,其屈服函数 f_s 为:

$$f_s = \left[(\sigma_1 - \sigma_3)/2\right] - \left[c\cos\varphi - 0.5(\sigma_1 + \sigma_3)\sin\varphi\right] \tag{5-6}$$

模型的单元类型全部采用八节点六面体实体单元,每个节点含 x、y、z 轴方向 3 个自由度,能较好地模拟围岩的真实情况。网格划分时,为保证单元形状的整齐以及不产生畸形,以方便计算过程的操作和分析时数据的提取,巷道围岩采用尺寸相等网格,其他区域采用梯度辐射网格。

根据数值模拟原则,为保证计算的可靠性,消除计算中可能出现的边界效应,建立的模型应该具有足够大的尺寸,本次设计模型尺寸为 45 m×40 m×40 m,共划分为 108 000 个单元,模拟开挖巷道断面与实际开挖巷道断面一致,巷道半径为 2.1 m。据此所建立的数值模拟原始模型如图 5-2 所示。

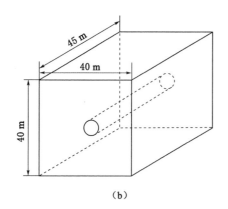

(b)

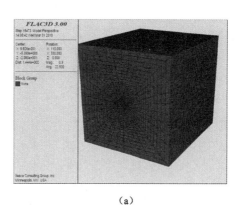

(a)

图 5-2 FLAC³ᴰ模型

在模型的中间断面($x=22.5$ m 处的 yOz 平面)布置监控点,其中 x 轴方向为巷道开挖方向,左右为 y 轴方向,上下为 z 轴方向。

5.1.3.3 边界条件及加载

模型的边界条件为底面法向位移约束,前后面、左右面和顶面施加法向荷载。前后面、左右面为水平荷载,模拟水平应力;顶面为垂直荷载,模拟垂直应力。最终荷载与相似材料模拟试验中的荷载相同。

5.2 相似材料试验的数值模拟

根据相似材料模拟中的岩层物理力学性质,在建立与无支护时相同的高水平应力(即侧压力系数 $\lambda = 1.9$)条件下的数值模拟模型,对开挖巷道后围岩的塑性破坏区、内部应力特征、围岩变形进行分析,并与相似材料模拟结果对比分析。

5.2.1 巷道围岩破坏分析

相似材料模拟及数值模拟的巷道开挖后围岩内形成的塑性破坏区域如图 5-3 所示,不同模拟方法的塑性破坏区深度见表 5-1。

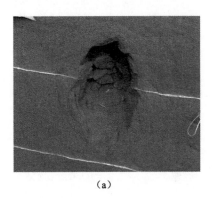
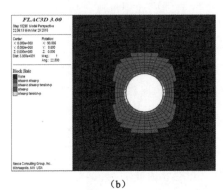

(a)　　　　　　　　　　　　　　(b)

图 5-3　不同模拟方法的塑性破坏区分布图

表 5-1　不同模拟方法塑性破坏区深度

模拟类别	顶、底板塑性破坏区深度/m	两帮塑性破坏区深度/m
物理模拟	2.4	1.4
数值模拟	2.3	1.3

由图 5-3 可知:在高应力条件下,相似材料模拟与数值模拟的塑性区破坏区分布基本是一致的,且具有如下特点:

(1)巷道顶、底板及两帮位置处的破坏范围呈对称分布,巷道的顶、底板为主要破坏部位,剪切破坏是主要破坏形式。

(2)由于受高水平应力的作用,巷道顶、底板的塑性区范围大于两帮的塑性区范围,物理模拟时巷道顶、底板及两帮塑性破坏区的深度分别为 2.8 m 和 1.4 m,数值模拟时巷道顶、底板及两帮塑性破坏区的深度分别为 2.2 m 和 1.3 m,采用两种模拟方法所得到的顶、底板及两帮的塑性区破坏深度误差均在 10% 以内,能够满足研究问题的要求。

5.2.2 巷道围岩内部受力分析

根据数值模拟结果,在高水平应力作用下巷道围岩的主应力分布云图如图 5-4 所示。

在巷道顶板、两帮不同深度处的围岩主应力随开挖步长的变化曲线如图 5-5 所示。

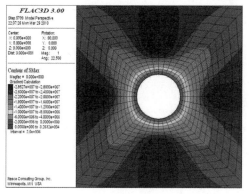
（a）最大主应力

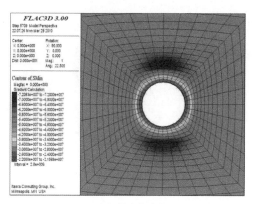
（b）最小主应力

图 5-4　高水平应力条件下巷道围岩主应力分布云图

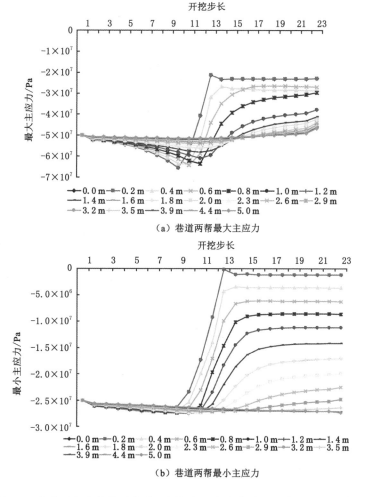

图 5-5　高水平应力条件下巷道不同深度处主应力随开挖步长的变化曲线

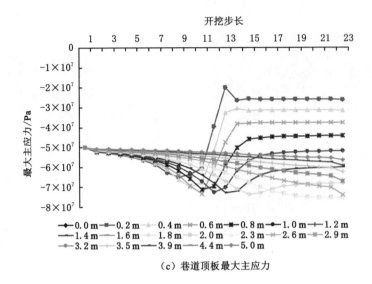

（c）巷道顶板最大主应力

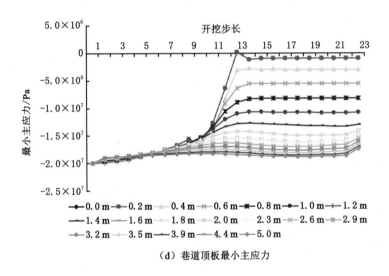

（d）巷道顶板最小主应力

图 5-5（续）

在数值模拟过程中，主应力的监测断面位于开挖巷道的中段，即开挖步长的 12 步和 13 步之间，即距开挖初始位置 22.5 m。由图 5-4 所示主应力云图和图 5-5 所示变化曲线可知：在高水平应力作用下的巷道开挖掘进过程中，随着开挖工作面不断靠近监测断面，巷道两帮及顶板不同深度处的主应力发生了有规律的变化。巷道两帮的最大主应力从开挖初始到监测断面保持递减趋势，平均减小幅度为 5.0％，最小主应力平均减小幅度为 8.0％。而顶板处的最大主应力从开挖初始到监测断面保持递增趋势，平均增大幅度为 4.5％，最小主应力平均增大幅度为 14.5％。

当巷道开挖到监测断面时，巷道两帮及顶板处的主应力均发生了大幅度变化，且同样变化值呈剧增趋势。巷道两帮的最大主应力骤然增大，最大变化量为 36.40 MPa，变化幅度为 63.0％，最小主应力也发生了急剧变化，最大增量为 17.14 MPa，变化幅度为 99％；巷道顶板的最大应力同样增大,最大增量为 40.80 MPa,变化幅度为 67%,最小主应力最大的变化量为 16.82 MPa,变化幅度为 95%。

随着巷道不断向前掘进,监测断面处的主应力值均有所下降,但下降值均不大,且保持不变。

上述分析表明:在巷道开挖掘进过程中,巷道围岩不同深度处的最大主应力和最小主应力均发生了不同程度的变化,在高水平应力作用下,两帮处的主应力变化趋势较顶板强烈得多,与相似材料物理模拟结果相吻合,变化幅度最大的均是最小主应力。限于篇幅,在数值模拟过程中未对主应力方向的变化进行分析对比。

5.2.3　巷道围岩变形分析

由高水平应力作用下数值模拟结果可得开挖巷道后围岩的水平位移云图、垂直位移云图及巷道围岩表面位移随开挖时间步长的演化规律分别如图 5-6、图 5-7 和图 5-8 所示。

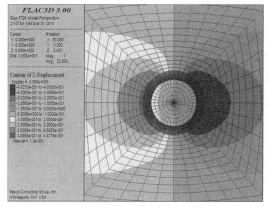
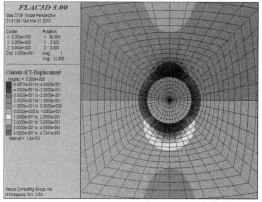

图 5-6　围岩的水平位移云图　　　　　图 5-7　围岩的垂直位移云图

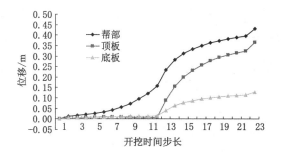

图 5-8　巷道围岩表面位移-开挖时间关系曲线

由图 5-6、图 5-7 所示高水平应力作用下的巷道围岩水平位移云图和垂直位移云图可以看出:在高水平应力作用下,巷道围岩表面位移变化趋势为巷道两帮位移明显大于顶、底板的位移。说明在高水平应力作用下,巷道顶、底板的下沉量和底鼓变形量小于巷道两帮向巷道空间的移近量。由图 5-8 所示巷道表面位移随开挖时间步长变化曲线可知:巷道开挖初期两帮的移近量大于顶、底板的变形量,巷道两帮变形量最大,顶、底板的变形量最小且大致相等。随着向前推进,顶板的变形量超过了底板的变形量。开挖结束后,两帮最大位移量为 0.43 m,顶板最大位移量为 0.37 m,底板最大位移量为 0.13 m。在整个开挖周期内,巷道两帮及顶、底板的变形速度分别为 0.019 m/d、0.016 m/d 和 0.006 m/d。两帮的变形速率分别是顶、底板变形速率的 3.4 倍和 3.0 倍。

上述计算结果表明:在高水平应力作用下,巷道围岩在不支护条件下的变形量是随着巷道开挖不断向前推进而增大的,随着时间的增加,两帮的变形量是最大的,顶板的变形量次之,而底板的变形量最小,说明在高水平应力作用下巷道两帮的内挤收敛变形程度是最严重的。

5.3 不同侧压力系数时的数值模拟

通过对无支护形式下的物理模拟和数值模拟结果比较,利用数值模拟试验可直观地描述巷道围岩塑性破坏区的范围及大小,但由于受时间和试验条件等的限制,不同侧压力系数时巷道围岩破坏不能逐一通过物理模拟试验来实现,所以用数值模拟来研究深部开采条件下巷道围岩的变形破坏是一条可行且有效的途径。

根据深部开采的理论研究和工程实践,除了巷道处于高应力范围内这个特点之外,另外一个显著的特点是水平应力高于浅部开采,侧压力系数通常大于 1,最高可达 3.5。但是大多数处于 1.0~2.0 之间,因此,数值模拟选择的侧压力系数取值范围确定为 1~2。另外,为了探讨塑性区由侧压力系数小于 1 向大于 1 的转变特征,增加了一个侧压力系数为 0.5 的模拟工况。

利用所建立的数值模型分别对侧压力系数 λ 为 0.5、1.0、1.5、2.0 的塑性区变化情况进行了模拟分析。不同侧压力系数时巷道围岩塑性区分布如图 5-9 所示。

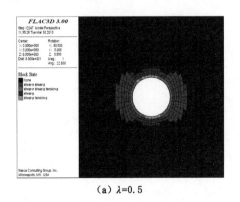
(a) λ=0.5

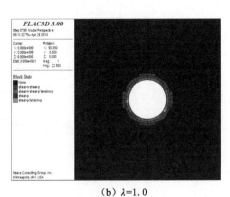
(b) λ=1.0

图 5-9 不同侧压力系数时围岩塑性区分布范围

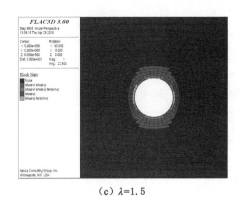 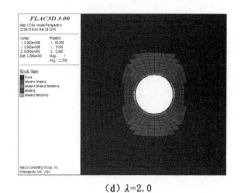

（c）λ=1.5　　　　　　　　（d）λ=2.0

图 5-9（续）

　　不同侧压力系数时的顶、底板及两帮塑性区深度见表 5-2，其变化规律如图 5-10 所示。巷道围岩塑性区面积变化趋势如表 5-3 和图 5-11 所示。

表 5-2　不同侧压力系数巷道顶、底板及两帮塑性区深度

侧压力系数 λ	0.5	1.0	1.5	2.0
距顶、底板表面距离/m	0.6	0.7	1.2	2.3
距两帮表面距离/m	1.9	0.8	1.1	1.3

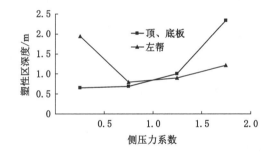

图 5-10　不同侧压力系数时巷道顶、底板及两帮塑性区范围变化曲线

表 5-3　不同侧压力系数时巷道围岩塑性区面积

侧压力系数 λ	0.5	1.0	1.5	2.0
塑性区面积/m²	24.9	8.6	15.7	39.1

　　由不同侧压力系数时的巷道围岩塑性区范围分布图、塑性区深度及塑性区面积变化图可知：

　　（1）不同侧压力系数时，塑性区在垂直方向上和水平方向上均呈对称分布。

　　（2）深部高垂直应力条件下（侧压力系数 λ<1）的巷道两帮为主要破坏部位，而高水平应力条件下（侧压力系数 λ>1）时，巷道的顶、底板为主要破坏部位。

　　（3）当侧压力系数 λ<1 时，巷道围岩塑性区主要出现在巷道的两帮，而顶、底板处的塑

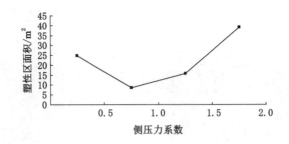

图 5-11　不同侧压力系数巷道围岩塑性区面积变化曲线

性区范围较小,例如当 $\lambda=0.5$ 时,两帮塑性区的最大深度为 1.9 m,而顶、底板塑性区的最大深度仅为 0.6 m,塑性区面积为 24 m²,是巷道断面面积的 1.7 倍。

（4）当侧压力系数 $\lambda=1$ 时,巷道顶、底板与两帮处的围岩塑性区相同,呈均匀分布形态。

（5）随着侧压力系数的不断增大,即水平应力不断提高,主要塑性区逐渐由两帮向顶、底板转移;顶、底板塑性区的深度及面积随侧压力系数的增大而增大,两帮塑性区的深度及面积随侧压力系数的增大而减小。

（6）当侧压力系数 $\lambda=2$ 时,塑性区范围迅速扩大,顶、底板成为巷道变形破坏的主要区域,顶、底板和两帮的最大破坏深度分别为 2.7 m 和 1.6 m,塑性区面积为 93 m²,是巷道断面面积的 6.7 倍。

（7）随着侧压力系数从 1 开始增大,塑性区面积呈指数函数急剧增大,从 $\lambda=1$ 时的 8.6 m² 急剧增大到 $\lambda=1.5$ 时的 15.7 m² 时和 $\lambda=2$ 时的 39.1 m²,说明侧压力系数偏离 1 越远,塑性区面积增大的速度越快,在工程实践中应引起高度重视。

5.4　不同残余强度时的数值模拟

由岩石力学可知岩石的强度指标主要有抗压强度、抗拉强度、内摩擦角和黏聚力。研究表明:岩石试样在加载压缩过程中,主要表现为内聚力快速降低,而内摩擦角几乎保持不变,所以研究时采用只降低黏聚力的方法来描述围岩的残余强度弱化程度,建立 7 个弱化模型对不同围岩破坏程度进行模拟分析。不同模型的残余强度取值如表 5-4 和图 5-12 所示。

表 5-4　不同残余强度参数　　　　　　　　　　单位:MPa

等效塑性应变/$\times 10^{-4}$	Red1	Red2	Red3	Red4	Red5	Red6	Red7
0	8	8	8	8	8	8	8
1	8	7	7	7	7	7	7
2	8	7	6	6	6	6	6
3	8	7	5	5	5	5	5

表 5-4(续)

等效塑性应变/$\times 10^{-4}$	Red1	Red2	Red3	Red4	Red5	Red6	Red7
4	8	7	6	5	4	4	4
5	8	7	6	5	4	3	3
6	8	7	6	5	4	3	2
7	8	7	6	5	4	3	2

注:内摩擦角 $\varphi=34°$,剪胀角 $\gamma=5°$。Red 表示残余强度。

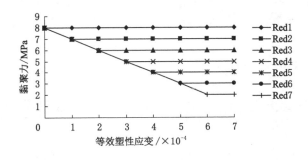

图 5-12　不同残余强度时黏聚力弱化示意图

常见的岩石(如千枚岩、片岩)的黏聚力为 1~20 MPa,板岩的黏聚力为 2~20 MPa,页岩的黏聚力为 3~20 MPa,砂岩的黏聚力为 8~40 MPa。根据现场岩石物理力学性质测定可知:模拟的砂岩的黏聚力在 2.9~7 MPa 之间,因此在残余强度参数表的黏聚力范围(2~8 MPa)来取值研究。

在垂直应力为 22.5 MPa、侧压力系数 $\lambda=1.5$ 时,不同残余强度的巷道围岩塑性区分布如图 5-13 所示,巷道顶、底板及两帮塑性区深度(自巷道臂向内延伸)变化见表 5-5 及图 5-14,巷道围岩塑性区面积变化见表 5-6 及图 5-15。

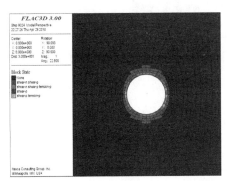

（a）Red1

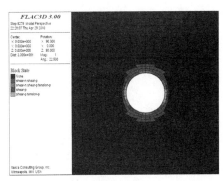

（b）Red2

图 5-13　不同残余强度时围岩塑性区深度

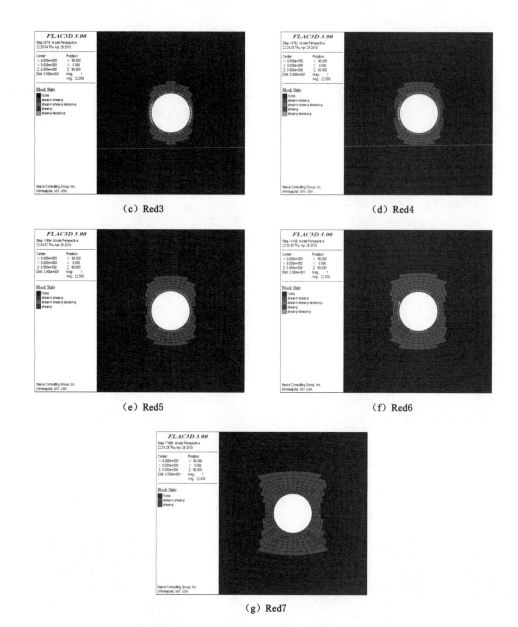

（c）Red3　　　　　　　　　　（d）Red4

（e）Red5　　　　　　　　　　（f）Red6

（g）Red7

图 5-13（续）

表 5-5　不同残余强度时巷道顶、底板及两帮塑性区深度

单位：m

残余强度模型	Red1	Red2	Red3	Red4	Red5	Red6	Red7
距顶、底板表面距离	0.95	1.22	1.25	1.25	1.56	1.95	2.33
距两帮表面距离	0.50	0.42	0.48	0.47	0.46	0.72	0.96

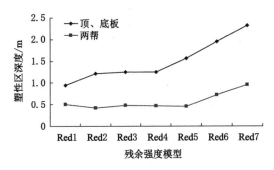

图 5-14 不同残余强度时巷道顶、底板及两帮塑性区深度变化曲线

表 5-6 不同残余强度时巷道围岩塑性区面积 单位：m²

残余强度模型	Red1	Red2	Red3	Red4	Red5	Red6	Red7
塑性区面积	9.7	10.6	14.5	18.4	23.1	32.3	46.4

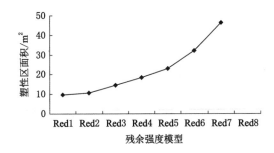

图 5-15 不同残余强度时巷道围岩塑性区面积变化曲线

由表 4-4、表 4-5、图 4-6、图 4-7 及图 4-8 分析发现巷道围岩塑性区有如下规律：

（1）在不同残余强度条件下，塑性区在水平方向和垂直方向上仍呈对称性分布。

（2）在相同的应力水平影响下，随着围岩残余强度的不断降低，塑性区的深度及面积将增大。

（3）不同残余强度对巷道围岩塑性区的影响程度是不同的，当黏聚力大于 4 MPa 时，对巷道围岩塑性区的深度及面积影响较小，而每增大 1 MPa 黏聚力，巷道围岩塑性区的深度仅变化 5% 左右；当黏聚力小于 3 MPa 时，黏聚力对塑性区的影响程度明显增大，每减小 1 MPa 黏聚力，巷道围岩塑性区的深度变化 20%。当黏聚力小于 3 MPa 时，塑性区面积明显增大。

（4）当开挖巷道后，围岩残余强度明显降低，通过及时主动支护可增大围岩黏聚力，即最大限度恢复围岩自身强度，在一定程度上可减小塑性破坏区的范围，有利于提高巷道的稳定性。

工程实践中应特别注意及时施加支护，防止塑性区的黏聚力低于 4 MPa，否则形成的大面积塑性区将给巷道支护增加更大难度。

5.5　本章小结

本章运用数值模拟软件 FLAC[3D] 中的应变软化模型模拟分析了相似材料模拟无支护的原型条件、不同侧压力系数和不同残余强度时的巷道围岩变形破坏规律,得到以下主要结论:

(1) 对无支护试验模型进行相似材料模拟试验与数值模拟验证,两种模拟结果表明:巷道围岩破坏、内部受力及围岩变形等方面的规律基本是一致的,可以采用数值模拟方法对其他条件下的巷道围岩变形破坏进行分析。

(2) 巷道顶、底板及两帮处的破坏范围呈对称分布,巷道的顶、底板为主要破坏部位,剪切破坏是主要破坏形式。

(3) 在巷道开挖掘进过程中,巷道围岩不同深度处的最大主应力和最小主应力均发生了不同程度的变化,在高水平应力作用下,两帮处的主应力变化趋势较顶板强烈得多,与相似材料物理模拟结果相吻合,变化幅度最大的均是最小主应力。

(4) 在高水平应力作用下,巷道围岩在不支护条件下的变形量随着巷道开挖不断向前推进而增大,随着时间的增加,两帮的变形量是最大的,顶板的变形量次之,而底板的变形量是最小的,说明在高水平应力作用下巷道两帮的变形破坏程度是最严重的,也是需要在实际生产中重点支护的部位。

(5) 由不同侧压力系数时的数值模拟可知:深部高应力作用下的巷道围岩塑性破坏区的深度和面积是随着侧压力系数的变化呈现规律变化的,随着侧压力系数的不断增大,即水平应力不断提高,主要塑性区逐渐由两帮向顶、底板转移;顶、底板塑性区的深度和面积随着侧压力系数的增大而增大,两帮塑性区的深度和面积随侧压力系数的增大而减小。

(6) 通过围岩强度弱化,改变围岩的残余强度,分析深部开采高应力作用下的巷道围岩塑性破坏区,不同残余强度对巷道围岩塑性区的影响程度是不同的。当开挖巷道后,围岩残余强度明显降低,通过及时主动支护可增大围岩黏聚力,即最大限度恢复围岩自身强度,在一定程度上可减小塑性破坏区的范围,有利于提高巷道的稳定性。

(7) 在深部开采高水平应力条件下的巷道开掘中,应加强巷道关键部位(顶、底板)的支护,巷道开挖后应及时采取相应的支护形式,防止巷道顶板的垮落和底板的底鼓,提高围岩自身强度和自承载能力。

6 深部开采巷道围岩控制技术及其工程实践

深部开采条件下巷道开挖后围岩变形破坏,围岩的稳定性是与围岩本身的完整性和强度相关的,也受外部应力状态的影响,所以对于围岩的稳定性控制必须从内因属性和外部作用入手进行分析。

6.1 围岩稳定性影响因素分析

煤矿进入深部开采后,地质条件恶化,破碎岩体增加、地应力增大、水头压力和涌水量增大、地温升高,导致深部巷道围岩稳定性控制与支护的难度增大、作业环境恶化、生产成本急剧增加,为深部资源开采提出了一系列课题,就巷道围岩稳定性影响因素而言,可概括为以下几个方面[146-148]。

(1)围岩赋存环境影响

巷道围岩稳定性与围岩自身的地质成因及其所处地质环境密切相关。巷道围岩稳定是岩石强度、岩体的完整性及结构面状态、地下水作用、地温以及地应力状态等共同作用的结果。进入深部开采以后,虽然围岩强度有所提高,但所赋存的地质环境恶化,矿山压力增大,在强烈的构造活动地区,存在较大的残余构造应力,而且岩体工程地质特性较差,对巷道的稳定性有着重要的影响,同时由于深度的增大,水头压力增大,围岩体渗透压力增大,岩体强度降低,给巷道围岩稳定性与施工安全控制提出了严峻挑战。

(2)开挖扰动影响

① 巷道掘进开挖影响。在巷道开始掘进时,破坏了原岩应力的平衡状态,巷道掘进断面轮廓内岩石支撑的岩层压力不断施加在巷道围岩上,巷道周边径向应力减小,围岩产生切向应力集中,深部原岩应力因应力集中产生巨大应力,与巷道周边处于单向或近似双向应力状态的巷道围岩强度之间的极大反差,使巷道周边的围岩遭到破坏,应力不断向巷道深部转移,远离巷道周边的围岩应力逐渐接近原岩应力状态。随着时间的推移和巷道围岩应力状态的调整,巷道围岩最终达到新的应力平衡状态。

进入深部开采后,在浅部选取的掘进参数已不适用,爆破掘进对浅部围岩造成的影响难以对巷道围岩稳定造成影响,在深部则对巷道围岩的影响变得十分敏感,爆破参数不合理会直接导致巷道围岩失稳破坏。深部巷道围岩动力现象较浅部明显增加,煤、瓦斯突出现象增加。这些因素都直接影响巷道围岩稳定性。

② 开采扰动影响。矿体开采过程中会形成应力集中和采动动压,使矿体一定范围内的巷道围岩应力增大,造成巷道在这种高应力或者动压的影响下大面积破坏和维护困难,进入深部开采后,采矿扰动对巷道围岩影响更强烈。

③ 开挖支护。进入深部开采后,巷道围岩由浅部的弹性、弹塑性变形向深部的塑性、塑

性流变变形发展，巷道围岩变形量增大，变形速率增大。如果开挖后支护不及时、不到位、支护体强度低，不能有效地改善和恢复或部分恢复巷道周边围岩的应力状态，都会造成深部巷道围岩失稳破坏。

6.2　围岩稳定性控制机理及方法

围岩的稳定性取决于围岩的强度和变形性质，即围岩的力学性质，又取决于其应力状态。围岩体由完整岩石骨架和结构组成，由于煤矿深部围岩经受了 2 亿～3 亿年长期地质年代的高压作用，岩石骨架致密且坚硬，岩体的强度和变形性质主要受结构面控制，在围岩力学性质中，某些不受应力状态影响，如黏聚力、内摩擦角等，为固有属性；而另一些力学性质则受应力状态的影响，如拉压强度、变形模量、泊松比等，为非固有属性。控制围岩的稳定性应从改善围岩力学性质和应力状态两个方面入手，由于围岩的非固有属性受应力状态影响，通过改善围岩应力状态能够达到改善围岩非固有属性的目的。

由岩石力学试验研究成果可知：任何岩石在三向应力状态下的强度高于二向应力状态或单向应力状态下的强度；当岩石处于三向应力状态时，随着侧限压力（围压）的增大，其峰值强度和残余强度都得到提高，并且峰值以后的应力-应变关系曲线由应变软化逐渐向应变硬化过渡，岩石由脆性向延性转化，如图 6-1 所示。岩体的强度与变形性质和应力状态之间也有着类似的关系。

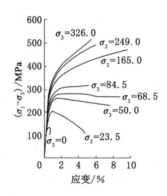

图 6-1　大理岩强度及变形特性随围压的变化

深部巷道开挖前、后围岩体由长期稳定状态转向非稳定状态是围岩所受的应力状态发生显著改变的结果。巷道开挖前，尽管围岩受到很高的地应力作用，但处于高围压状态，因而抗压强度很高，远大于最大偏应力，所以围岩处于弹性状态。开挖卸荷导致一定范围内的围岩侧压力降低，近表围岩的侧压力降为 0。同时，应力向巷道周向转移调整，引起应力集中，使得周向应力升高 2～3 倍。而对处于地表以下 900 m 左右深度的巷道而言，近表围岩的围压卸荷幅度达到 20 MPa 以上，巷道周向的应力增大 40～60 MPa，使得最大剪应力（$\sigma_1 - \sigma_3$）达到 60～80 MPa。二次应力场形成过程中产生如此大的偏应力，在浅部巷道开挖中是难以想象的。这两个方向上应力的一降一升产生了围岩的高应力与低强度之间的突出矛盾，必然导致围岩开挖后的快速劣化，裂隙由表及里快速萌生并扩展，很快导致一定范围内的围岩破坏失稳进入峰后或残余强度阶段,超出围岩强度的应力向深部转移,如图6-2所示。

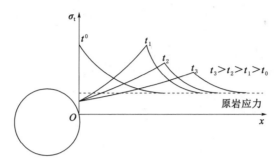

图6-2　巷道开挖后围岩应力峰值向深部转移过程

围岩开挖前、后应力状态的改变对围岩稳定性的影响可以用图6-3来分析。开挖前巷道表面处的法向应力 σ_n^0 和周向应力 σ_t^0 相关不大,因而代表应力状态的莫尔圆直径($\sigma_n^0-\sigma_t^0$)很小($\sigma_n^0>\sigma_t^0$),莫尔圆远离围岩的强度包络线 L_1,围岩处于稳定状态。开挖后巷道表面法向应力降为0($\sigma_n^1=0$),周向应力增大为 σ_t^1(2~3倍 σ_n^0),莫尔圆直径($\sigma_t^1-\sigma_n^1$)大幅增大,莫尔圆突破了围岩强度包络线 L_1,因而围岩破裂失稳。

因此,要维护巷道的稳定性,必须在巷道开挖后尽快恢复和改善围岩的应力状态,将巷道开挖后因二次应力场形成出现的近表围岩二向应力状态恢复到三向应力状态,将法向应力恢复到 σ_n^2(由于难以完全恢复,所以 $\sigma_n^1=0<\sigma_n^2<\sigma_n^0$)。

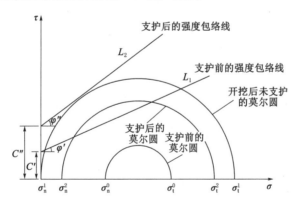

图6-3　开挖支护前、后围岩应力状态与强度的改变[130]

改善和恢复应力状态的措施施加越及时,围岩破裂扩展的程度越轻,变形越小,围岩越稳定;巷道自由面上的压应力恢复得越高,围岩强度越高,自承载能力越高,围岩越稳定。这就要求巷道开挖后必须立即支护,而且支护对围岩表面施加的应力必须达到足够的量值。但是就目前的技术水平和经济因素而言,单纯依靠支护手段能够施加在围岩表面的应力 σ_n^2 与深部巷道原岩应力 σ_n^0 相比,其量值还是很小的(一般 $\sigma_n^2<1$ MPa),这时的莫尔圆直径($\sigma_t^2-\sigma_n^2$)虽然比开挖未支护时的有所缩小,由于围岩的固有强度并未提高,莫尔圆仍然超出围岩强度包络线 L_1,所以这样的侧压力恢复量值远达不到维护围岩稳定所需的水平。这就是传统的被动支护为何在深部巷道支护中难以起作用的原因。

因此需要另寻途径——通过改变围岩包络线 L_1,使其包含开挖后的莫尔圆,方法是通过支护加固手段改变围岩的固有属性。也就是说,除了改善围岩的应力状态外,还需通过支护加固提高围岩的固有强度(黏聚力和内摩擦角),提高围岩的自承载能力,这就是主动支护的理念。

由于围岩固有强度属于抗剪性质,这就要求支护加固体本身必须具有足够高的抗剪强度,而且由于围岩体脆性,只要经历小的剪切变形,黏聚力即失效,所以支护结构在具有足够高的抗剪强度的同时还必须具有足够的韧性,即变形能力,才能确保围岩体的固有强度得到显著提高。由图 6-3 可以看出:通过主动支护增强围岩后,围岩的固有强度 C,φ 得到了提高,由支护加固前的 C',φ' 提高到支护加固后的 C'',φ'',使得强度包络线上移,倾角增大,超出了 σ_n^a 和 σ_t^a 组成的莫尔圆,所以围岩能够维持稳定。

根据以上分析,结合深部开采巷道围岩破坏变形破坏特征分析、物理模拟试验及数值模拟研究结果,针对煤矿深部开采巷道稳定性控制提出了以下方法:

(1)及时应力恢复,改善受力状态。巷道开挖后在最短的时间内最大限度地恢复巷道开挖后形成的自由面上的法向应力,目的是改善因巷道开挖影响的监控围岩表面的受力状态,拟提高围岩的非固有强度和变形模量。如在巷道开挖后及时安装预应力锚杆(索),通过喷射混凝土面层的应力扩散作用,对巷道自由面主动施加一定的表面应力。

(2)固结修复,加固围岩。针对深部开采巷道围岩的剪切破坏形式,随着巷道的开挖,形成了不同深度和宽度的剪切滑移裂缝网,使巷道出现一定程度破碎带组成的围岩破裂区,同时导致围岩应力降低。此时,通过围岩注浆将破坏区围岩胶结成一个整体,提高岩体黏聚力和内摩擦角,提高岩体力学性能,加固初始锚喷支护,阻止围岩的进一步破碎,从而使其进入二次稳定的状态。

(3)加强关键部位的支护。在巷道开挖后支护过程中既要强调支护的整体性,又要采取重点措施加强支护薄弱关键部位,从而防止巷道从某一个薄弱的部位首先破坏而导致全断面失稳破坏,例如对于底鼓严重的巷道,强调对底角加强锚固和注浆加固,以提高底板岩体的承载力,有效控制巷道的底鼓。

通过以围岩控制原理分析及提出的控制方法,对深部开采巷道围岩的控制可总结为"适度让压、及时应力恢复,改善受力状态、固结修复,加固围岩、加强关键部位支护"。

6.3　围岩稳定性控制原则及技术

6.3.1　控制原则

根据深部开采巷道围岩受力状况及变形破坏特点,建议巷道支护时应遵循以下原则[69]:

(1)支护应能适应深部开采巷道的变形破坏特点,保证支护体-围岩协调变形的过程中最大限度地保持围岩的整体性,防止围岩过度破碎失稳。首先要选择能适应高应力、大变形要求的支护结构,然后要求所用支护材料及其参数在强度、刚度和变形能力方面能与围岩相协调,可称之为适应性原则。

(2)设计支护体与确定参数时应将巷道顶、底板和两帮看成一个整体,通过支护使巷道各个部位之间以及它们与支护体之间协调变形和共同承载,从而保证巷道的整体稳定,可称之为整体性原则。

(3)由于巷道形状、围岩性质差异以及围岩应力分布等因素的影响,现实工程中的任何巷道都存在相对较为薄弱的关键部位。为了避免巷道关键部位过早破坏,支护设计时应首先根据巷道形状、围岩条件和应力分布等分析判断巷道的薄弱部位,采取重要部位加强支护,可称之为关键部位加强支护原则。

(4)由于深部巷道会出现较大的围岩变形,要保证巷道在服务期内满足生产需求,除了采取合理措施对其进行维护加固外,还要在设计巷道断面时考虑一定的预留变形量,也可称之为预留变形原则。

6.3.2 控制技术

不论是地面开挖还是地下开挖,开挖面周围发生的破坏是岩块移向开挖空间引起的,对应可采取以下两种稳定措施进行加固:一是由于岩体是非连续体,导致岩块发生位移,应对岩体进行加固使其表现如同连续体;二是在开挖面附近直接采用支护构件,从而使岩块发生的位移控制在允许范围内。

一般来说,第一种方法为岩体加固技术,是将加固材料插入岩体内部,如锚杆(索)插入岩体内部使其被加固,从而达到岩体自稳,即运用钻孔中的锚索、锚杆将沿原生非连续面所产生的位移控制到最小;或者岩体注浆使岩体内部裂隙充满浆体,使岩体自身提高。第二种方法为岩体支护技术,将支护材料布置在开挖面附近,如U形钢支护、喷射混凝土衬砌用于控制开挖边界上的岩石位移。这些单元从岩体外部提供了承载能力,支护并不直接提高岩体的固有强度,而是改变其边界条件。

(1)岩体加固技术

深部巷道围岩设计中,围岩是支护承载结构的主要承载部分。且由于深部巷道围岩中原岩应力高,巷道支护强度对围岩变形的改善有其局限性,当支护强度达到一定值时再提高,对改善巷道支护效果并不明显,必须调动围岩的自身承载能力,更有效地发挥围岩的承载能力才能维护巷道的稳定性,这是深部巷道支护的重要原则,而岩体加固技术对围岩强度的提高具有显著作用。

采用岩体加固技术,如锚杆、锚索和注浆技术,通过施加预紧力或注浆可大幅提高破碎区围岩体的黏聚力 C 和内摩擦角 φ,提高围岩体强度。但是从控制方法可以看出:为了很好地发挥锚杆"固"与"卸"的作用,通过锚杆(索)来加固围岩,使其与围岩协调变形和共同承载的同时卸除部分高应力,锚杆(索)必须具有足够的强度和延伸率。

(2)岩体支护技术

在高应力软弱破碎岩层中,由于岩体破裂,锚杆、锚索往往没有"生根"基础和成拱条件,围岩内难以形成可靠的承载结构,故仅使用加固技术往往不能达到预期的支护效果。

U形钢属于一种被动支护结构,大量的实践证明单独的U形钢支护已经不能满足深部巷道支护的需要。但U形钢可缩性支架具有较高的初撑力、增阻速度快、支护强度高和具有一定可缩性等优点,当其和锚杆、注浆加固等联合支护时,成为解决深部高应力巷道支护的一个重要辅助措施。将围岩卸压技术、高阻力支护技术和加固技术有机结合,能充分利用各自的优点,对改善围岩结构及其性质、提高围岩的整体性和自承能力、降低支护成本等具有重要的意义。

但是随着矿井开采深度的增加,巷道断面不断增大,矿山压力越来越大,巷道围岩变形量增大,为了维护巷道稳定,所用金属支架的型钢重量也随之增大,棚距日益减小,同时也造成巷道维护费用迅速增加,掘进速度降低,所以在选择和应用时应注意架设的时机和强度的选择,以获得事半功倍的效果。

(3)联合支护技术

结合岩体加固和岩体支护技术各自的优势,深部高应力巷道理想的支护形式为锚喷、锚索、锚注相结合,辅以可缩 U 形钢,充分发挥各支护单元的优点以维护巷道稳定:

① 锚杆主动深入破碎岩体内,不仅大幅提高了破裂面的黏聚力、抗拉强度及内摩擦角等,而且通过锚杆的加固、组合等综合作用,可把破裂的小块体组合成新的大块体,通过群体锚杆共同作用形成组合拱,即发挥锚杆的组合拱作用。

② 锚索对岩体的加固稳定支护作用机理是复杂的、综合性的多种机理共同作用的结果,主要有悬吊挤压作用、组合梁作用、减跨作用等,并且锚索作为一种辅助加强支护手段,能将浅部锚杆所形成的组合拱悬吊在松动圈以外深部稳定岩体之上,更适合深部大松动圈非连续体围岩的变形支护。

③ 外层喷射混凝土能及时封闭围岩和隔离水、风对围岩的侵蚀破坏,弱化膨胀泥化剥落的条件,间接保护和提高了围岩的参与强度;而内层注浆可将松散破碎的围岩胶结成整体,改变了围岩的内部松散结构,从而使岩体黏聚力得到提高,充分发挥围岩结构的承载能力。

④ 钢筋网不仅可以支撑锚杆间破碎岩体,还可以将单个锚杆连接成锚杆群体,和混凝土形成具有一定柔性的薄壁钢筋混凝土支护圈,达到锚喷网整体与围岩共同形成一个支承圈的效果,以共同承担围岩应力,保持巷道稳定。

⑤ 利用注浆锚杆将大松动圈内的破裂面充填加固,将破裂岩体固结起来,使松动圈内块体胶结成整体,同时使原松动圈块体由单向或者双向受力变为三向受力状态,从而大幅提高破裂岩体残余强度和改善其力学性能;通过注浆,使得普通锚杆也变成全长锚固锚杆,提高了锚杆的锚固力及锚固体的强度,从而提高了围岩自身承载能力,提高了支护结构的整体性,保证深部大松动圈围岩的稳定性。

6.4 试验巷道工程地质条件

郓城矿井位于山东省郓城县境内,矿井设计生产能力为 2.4 Mt/a,采用立井开拓方式,试验巷道位置如图 6-4 所示。井田为全隐蔽的华北型石炭系、二叠系煤田。新生界厚度较小,钻探揭露厚度为 472.80~591.30 m,平均为 518.39 m,呈中部较深,向东北及西南部由浅而深起伏变化、向东南部逐渐变浅的态势,煤系以中、下奥陶统为基底,沉积了石炭系上碳统本溪组、上石炭统太原组,二叠系山西组、石盒子组,其上被新近系和第四系覆盖。主要含煤地层为太原组和山西组。井田构造发育情况明显受区域构造控制,主要褶曲轴向、断层走向多与区域性断裂——田桥断层、汶泗断层走向一致,西部煤系地层露头走向则基本与田桥断层平行。井田总体呈近南北走向,倾向东的单斜构造,发育次一级宽缓褶曲并伴有一定数量的断层,中西部煤系地层中有岩浆岩侵入,构造复杂程度属中等偏复杂。

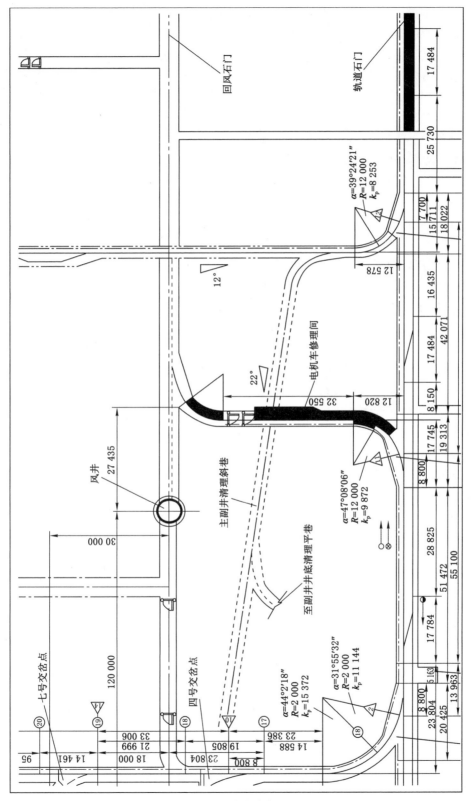

图 6-4 试验巷道位置图

井田含水层自上到下主要有第四系砂砾层、新近系砂层、山西组 3# 煤层顶底板砂岩、太原组三灰、十灰、奥陶系灰岩等含水层,其中对煤层开采有影响的含水层主要为 3# 煤层顶底板砂岩、太原组三灰,奥陶系灰岩作为煤系基底含水层,当断层较大时影响上组煤的开采。

井田的可采及局部可采煤层主要为山西组,有 2# 和 3# 煤两层,其中 3# 局部分为 3上 和 3下。煤层顶、底板主要岩层特征如下:

① 2# 煤层。

直接顶之上冒裂范围内,以粉砂岩、泥岩岩组为主,局部见中、细砂岩岩组。粉砂岩、泥岩岩组数字测井强度指数多数地段大于 30 MPa,局部地段小于 30 MPa,中、细砂岩岩组强度指数为 30~60 MPa,属于不稳定~中等稳定岩体。

底板直接底以下扰动范围内以中、细砂岩岩组为主,局部为粉砂岩、泥岩岩组,中、细砂岩岩组强度指数一般为 30~60 MPa,粉砂岩、泥岩岩组大于 30 MPa,属于中等稳定岩体。

2# 煤层直接顶以泥岩、砂质泥岩、粉砂岩为主,厚度为 0.72~10.61 m,仅 216 孔为中砂岩,局部见有泥岩伪顶。直接底以泥岩、砂质泥岩、粉砂岩为主,厚度为 0.79~9.48 m,局部见有细砂岩底板和泥岩伪底。粉砂岩、泥岩强度指数为 15~40 MPa,中、细砂岩强度指数一般为 30~60 MPa。

② 3# 煤层。

3上 煤层直接顶之上冒裂范围内,以中、细砂岩岩组为主,局部见粉砂岩、泥岩岩组。砂岩岩组的抗压强度试验值为 75.9~175.2 MPa,数字测井系统获得的强度为 30~80 MPa 之间,属于中等~稳定岩体;粉砂岩、泥岩岩组数字测井系统获得的强度多数为 30~60 MPa,属于中等稳定岩体。

3上 底板直接底以下扰动范围内以中、细砂岩岩组为主,局部为粉砂岩泥岩岩组,中、细砂岩岩组抗压强度为 66.4~77.1 MPa,数字测井系统获得的强度为 40~60 MPa,局部大于 60 MPa,属于中等稳定~稳定岩体。粉砂岩泥岩岩组,数字测井系统获得的强度一般大于 30 MPa,局部小于 30 MPa,属于不稳定~中等稳定岩体。

3下 煤层直接顶、底板特征如下:

顶板以泥岩、砂质泥岩及粉砂岩为主,中、细砂岩次之,局部为岩浆岩,厚度为 0.75~31.52 m,偶见泥岩伪顶。

底板以泥岩、砂质泥岩、粉砂岩为主,中、细砂岩次之,偶见岩浆岩,厚度为 0.74~10.30 m,见有泥岩伪底。

矿井副井车场水平位于 -860 m(地表标高 +44.2~+45.3 m),风井井底临时车场与副井车场位于同一水平。井底车场主要位于粉砂岩、细砂岩中,岩层硬度总体较大,两侧粉砂岩处硬度较小,发育裂隙,具体岩性见表 6-1。

表 6-1　井底车场巷道附近岩性特征

岩石名称	底深/m	厚度/m	岩性特征描述
中砂岩	890.60	4.20	浅灰绿色,含长石、云母及暗色矿物,见裂隙,半充填硅质,硬度大
粉砂岩	892.70	2.02	深灰绿色,块状,夹带泥质,具不规则裂隙,充填硅质,硬度较小
细砂岩	906.00	15.40	浅灰色,薄层状,见细小裂隙,半充填硅质,硬度大,局部中等
粉砂岩	912.10	6.10	深灰色,块状为主,含细砂质及泥质,硬度较小

表 6-1(续)

岩石名称	底深/m	厚度/m	岩性特征描述
中砂岩	916.60	4.50	灰色,薄层状,以石英为主,夹杂白色矿物,分选中等,硬度较大
粉砂岩	918.30	1.70	深灰色,块状,硬度较小
泥岩	925.50	7.20	紫红色,棕灰色,块状,质较纯,局部含粉砂质,具斜纵向裂隙,充填泥质,硬度小,层差状断口
粉砂岩	950.70	25.20	深绿灰色,块状,见紫红色,薄层状,波状层理,含长石,夹细砂质,硬度中等,层差状断口

针对郓城煤矿井底车场附近的石门及电机车修理间绕道段进行支护试验,由于围岩处于高应力环境中,巷道顶板出现明显的下沉破坏现象,底板有严重的底鼓,巷道开挖后半个月内变形量达 400～500 mm,原设计的支护参数无法满足巷道的使用要求,严重影响了矿井建设和生产,需要修改和完善支护结构与参数。

巷道设计采用半圆拱形断面,原设计采用锚杆+锚索支护,局部铺设 29U 形钢联合支护,但是在掘进过程中发现矿压显现比较明显,巷道变形快,底鼓严重,顶板破碎,支护难度大。

6.5　支护方案设计

6.5.1　支护原则与对策

处于深部高应力环境下的巷道开挖以后,围岩表面产生几十毫米至几米的变形,且随着开采深度增大,巷道变形量近似线性增大。由物理模拟、数值模拟结论及巷道顶板、两帮的钻孔摄像观测结果可知:巷道围岩的变形增长和破裂区的形成经历了一个时间过程,深部巷道变形发展速度在巷道刚开掘时较快,之后逐渐衰减,在巷道顶、底板处产生压应力集中的剪切破坏,直至剪切滑移裂缝交错而破裂区完全形成。

从支护方案及支护机理上,既允许巷道围岩有一定的变形,又能对围岩变形破坏进行有效控制,根据研究结果,围岩表层岩体发生一定程度的破碎,以释放部分高应力,不但可以有效减小围岩变形量,而且支护体将承受较小的变形应力,有利于主承载结构发挥高承载能力和支护的次承载结构稳定。同时要选择合理的支护时机、支护形式与强度,使浅部围岩的应力得到很好的释放,且保证围岩的强度没有明显降低,或者虽然围岩发生一定的变形、破碎,但是通过支护使围岩强度提高,通过支护体和围岩共同作用提高了围岩自身强度,这是围岩得以稳定和巷道能够长期使用的根本所在。

支护方案在满足技术要求的基础上确保能够安全生产,力争最大限度地降低支护成本,缩短施工工期,降低工人劳动强度,提高矿井的经济效益。

根据深部开采巷道变形破坏特点和研究结果,采用"适度让压、及时应力恢复,改善受力状态、固结修复,加固围岩、加强关键部位支护"控制技术,提出以下支护对策:

(1)控制适度让压,释放高应力。就深部高应力巷道而言,开挖后一定会产生较大的变形,支护结构必须具有一定的让压性来释放压力。对于不同的支护结构,围岩的变形程度是有很大区别的。巷道围岩变形包括一部分不可控制的变形,故支护结构必须具有让压变形功能来缓解不可控制的变形,同时让压是控制让压,不是自由让压。

(2)加固围岩,提高围岩自身承载能力。采用高预紧力、大刚度高强锚杆、锚索锚注加固围岩,改善巷道围岩物理力学性能,提高支护结构的整体承载能力。

(3)联合使用多种支护形式,提高支护强度。高应力巷道支护与围岩相互作用的研究成果表明:支护强度是控制巷道围岩剧烈变形的关键因素,只有支护强度大于0.3 MPa时,才能有效控制巷道的剧烈变形,适应超前和侧向支撑压力的作用。实践证明:支护在破坏或塌陷前后能达到的最大支护强度范围是有限的,无论采用哪种支护形式,最大支护强度都为同一数量级。例如锚杆支护,其最大的支护范围为0.05~0.2 MPa;单独使用的轻型型钢支护可提供0.05~0.1 MPa的支护强度,而重型钢支架提供的支护强度可达0.2 MPa。因此,对于深部高应力巷道的支护来说,仅依靠单一的支护形式来控制围岩变形破坏是不现实的,必须采取多种支护形式联合支护,同时也要充分发挥围岩自身的承载能力。

(4)优化巷道形状和合理支护参数。主要包括:加厚锚杆托盘,提高锚杆预紧力,锚杆加长锚固使支护结构匹配;通过新工艺的喷锚梁网组合支护维护巷道的整体稳定;用高强预应力锚索支护,关键部位加强支护,调动深部围岩的承载能力;采用底角锚杆、底角注浆或底板反拱等。

6.5.2 支护方案

根据高应力巷道支护原则和提出的支护方案,首先对试验巷道的形状进行优化,采用反底拱,控制巷道底鼓;其次采用高强锚杆+锚索+可缩U形钢(带底拱36U)分别对帮顶、底板进行初次支护,开挖支护后20~30 d采用滞后锚注二次支护的技术方案,并辅以钻孔卸压,以达到一次成巷不再返修的目的。初次支护参数如图6-5和图6-6所示,二次支护如图6-7所示。主要支护技术参数如下:

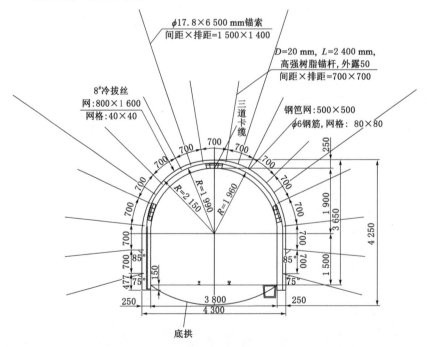

图6-5 巷道初次支护断面示意图(单位:mm)

（1）初喷及高强锚杆支护

巷道掘成后在临时支护的保护下立即对围岩表面进行混凝土初喷,目的是封闭围岩,防止围岩风化和表面危岩垮落;减少围岩不平引起的表面受力不均,同时改善锚杆托盘与围岩表面的密贴性,提高锚杆对围岩的支护效果,喷射混凝土的强度等级为 C20,水灰比为0.4～0.6,喷射厚度为 50 mm;然后采用安装扭矩大于 200 N·m 的高强锚杆进行支护,锚杆杆体采用建筑用Ⅳ级或Ⅴ级左旋无纵筋螺纹钢加工制作,杆体材料强度不低于 540 MPa。拱顶和帮部采用 ϕ20 mm×2 400 mm 的锚杆,间、排距为 700 mm×700 mm;树脂药卷锚固,锚固长度不小于 1 000 mm(2 卷2370),锚固力大于 150 kN;采用厚 12 mm、尺寸为 200 mm×200 mm 的托盘;网采用 8# 冷拔铁丝,网格为 40 mm×40 mm,规格为 800 mm×1 600 mm;钢筋梯采用 ϕ14 mm 螺纹钢制作,长 2 500 mm。

（2）关键部位锚索加强支护

在锚网支护的基础上,对巷道关键部位进行高强预应力锚索加强支护。设计在顶部布置 4 根 ϕ17.8 mm×6 500 mm 的锚索,间、排距为 1 500 mm×1 400 mm,布置于两排高强树脂锚杆之间,采用树脂端锚,锚固长度不小于 1 500 mm。

（3）U 形钢支护

为防止初次锚杆支护失效,设计带底拱 36U 形钢支架进行加强支护,排距为 700 mm,架设在两排锚杆之间。U 形钢由帮部 4 节、底板 2 节、共 6 节组成,安装时先底拱后架设帮及顶部;支架后背钢筋网采用 ϕ6 mm 的圆钢焊接,网格为 80 mm×80 mm,规格为 500 mm×500 mm,最后复喷 60 mm 厚混凝土,形成具有一定可缩性的高强初次支护结构,如图 6-6所示。

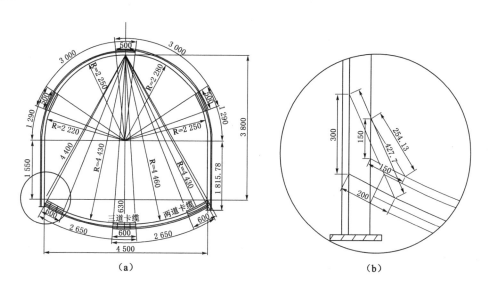

图 6-6　U 形钢安装示意图(单位:mm)

（4）注浆加固

初次支护完成以后,在巷道内设变形测站对巷道进行收敛变形观测,以便确定注浆时机,当巷道两帮位移大于 50 mm 时,对巷道进行二次锚注加固,如图 6-7 所示。

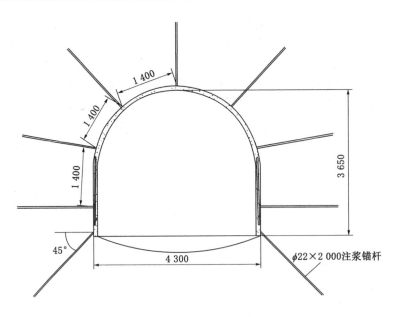

图 6-7 巷道注浆支护(单位:mm)

注浆锚杆采用 $\phi22$ mm 无缝钢管制作,如图 6-8 所示,壁厚 4 mm,长度 2 000 mm,间、排距为 1 400 mm×1 400 mm,与锚杆和锚索插空布置。

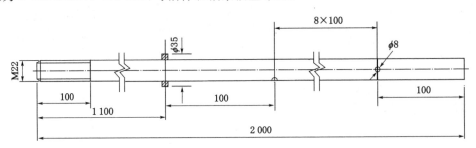

图 6-8 注浆锚杆结构图(单位:mm)

注浆材料采用单液水泥-水玻璃浆液或水泥-粉煤灰浆液。水灰比控制在 0.8~1.0,水玻璃的掺量为水泥质量的 3%~5%;水泥-粉煤灰浆液的配合比($m_水$:$m_{水泥}$:$m_{粉煤灰}$)为 0.8:(0.55~0.60):(0.45~0.40),NF 减水剂用量为水泥质量的 7‰;注浆压力为 1.5~2.0 MPa。

6.5.3 支护效果

根据上述设计方案进行了巷道支护施工试验,并在试验段布置了 3 个变形测试断面,主要监测巷道两帮内挤和顶板下沉量。各监测点监测结果如图 6-9 所示。

由图 6-9 可以看出:

① 巷道顶板的下沉移近量在第 40 d 左右基本趋于稳定;两帮位移量在第 20 d 时基本趋于稳定;两帮的位移量趋于稳定的时间略短于顶底的移近量趋于稳定的时间。顶板下沉量和两帮的相对移近量分别为 80 mm 和 60 mm。

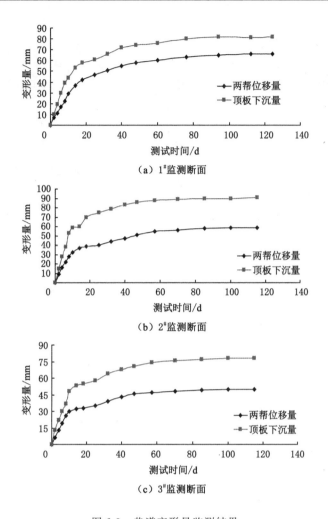

图 6-9 巷道变形量监测结果

② 顶板下沉量在前 40 d 内的平均变形速率为 2.0 mm/d,初期变形速率较大,随着时间的增加,顶板下沉速率逐渐平稳。

③ 两帮相对移近量在前 20 d 内平均速率为 3 mm/d,较顶板变形速度略快些,但稳定时间较短,后期变形速率也逐渐趋于稳定。

从现场反馈的信息和支护效果来看,虽然增加了支护成本,但大幅度降低了返修成本,且支护方案有效控制了高应力巷道变形破坏,为同类巷道的支护设计、施工提供了技术支持和实践经验。

6.6 本章小结

本章从围岩赋存环境、开挖开采扰动、开挖后支护等方面分析了深部开采巷道围岩稳定性的影响因素;对巷道围岩稳定机理进行了深入分析,并提出了"及时应力恢复,改善受力状态、固结修复,加固围岩、加强关键部位支护"的控制方法。

结合理论分析、模拟试验结果及大量的工程实践提出了深部开采巷道围岩稳定性的控制原则,即适应性原则、整体性原则、关键部位加强支护原则和预留变形原则。

采用岩体加固技术,如锚杆、锚索和注浆技术,通过施加预紧力或注浆可大幅度提高破碎区围岩体的黏聚力 C 和内摩擦角 φ,提高围岩体强度。

将围岩卸压技术、高阻力支护技术和加固技术有机结合,充分利用各自的优点,对改善围岩结构及其性质,提高围岩的整体性和自承能力。

以山东郓城煤矿-860 m 水平井底车场附近的石门及电机车修理间绕道段为工程背景,分析了巷道变形破坏原因,并提出了相应的支护对策。

对试验巷道的支护方案进行设计,首先对巷道断面形状进行反底拱设计优化,采用高强锚杆+锚索+可缩 U 形钢(带底拱 36U)分别对帮顶、底板进行初次支护,开挖支护后 20~30 d 采用滞后锚注二次支护的技术方案,并辅以钻孔卸压,以达到一次成巷不再返修的目的。

支护方案成功指导了试验巷道的支护施工,进一步验证支护方案的可行性。

7 结论与展望

7.1 结论

本书以揭示煤矿深部开采巷道围岩变形破坏特征和规律,分析其破坏机理,探索适合于煤矿深部开采巷道支护技术为目的,以山东郓城煤矿埋深达 900 m 的井下掘进巷道为工程背景,综合运用采矿学、岩体力学、弹塑性力学、断裂力学等理论,采用相似材料物理模拟、数值模拟、现场实测及工程实践等手段对煤矿深部开采巷道围岩的变形破坏特征和控制技术展开研究。

本书的主要研究内容及结论如下:

(1) 通过对试验结束后的围岩模型剖面切割,首次发现深部开采高应力条件下 3 种支护方式试验模型巷道围岩内部都形成了多条剪切滑移裂缝,剪切滑移裂缝的交错发展是巷道变形破坏的主要原因。破坏区域主要集中在巷道的顶、底板,垂直于岩层层理呈对称状分布。

(2) 对有支护和无支护下的巷道表面位移分析可知:在支护作用下,巷道位移量有明显的台阶状变化,说明支护提高了破碎岩石的黏聚力,对巷道的收敛变形起到了缓冲作用,并在围岩浅部形成了具有一定承载能力的区域。巷道变形破坏呈现破坏→稳定→再破坏的规律。

(3) 通过对相似材料模拟试验和原岩巷道变形破坏的现场实测分析,证明深部开采高水平应力条件下的巷道围岩破坏形式为压应力集中的塑性剪切破坏。

(4) 根据能量分析和断裂力学理论,研究分析了巷道围岩初始破坏裂缝的产生原因及裂缝扩展、贯通的发展过程,得出了深部高水平应力条件下的巷道围岩在压剪作用下会随着主应力大小及方向的不断变化而逐渐向围岩深处发展破坏,最终在压应力集中区域内形成多条交错的剪切滑移裂缝的结论,并对形成的剪切滑移裂缝的形态用对数螺旋曲线进行了数学描述。

(5) 通过不同侧压力系数的深部高水平应力作用下巷道围岩塑性破坏区的数值模拟发现:塑性区在垂直方向和水平方向均呈对称分布。在深部高垂直应力条件下(侧压力系数 $\lambda < 1$),巷道两帮为关键破坏部位,随着侧压力系数的不断增大,两帮塑性破坏区的深度和面积不断减小,而在高水平应力条件下(侧压力系数 $\lambda > 1$),巷道的顶、底板为关键破坏部位,随着侧压力系数的不断增大,塑性破坏区的深度和面积也不断增大。

(6) 通过相同侧压力系数而不同围岩残余强度的数值模拟可知:塑性破坏区在水平方向和垂直方向仍呈对称性分布,随着围岩残余强度的不断降低,塑性区的范围及面积增大,当围岩残余强度低于 3 MPa 时,残余强度对塑性区范围的影响将明显增大。反之,通过及时的主动支护可提高围岩残余强度,即最大限度地恢复围岩自身强度,在一定程度上可减小塑性破坏区的范围,有利于提高巷道的稳定性。

(7) 根据相似材料模拟、理论分析、数值模拟的分析结果:针对深部开采巷道围岩稳定机理进行了研究,并提出了"及时应力恢复,改善受力状态、固结修复,加固围岩、加强关键部位支护"的控制技术。

(8) 对山东郓城煤矿−860 m 水平井底车场附近的石门及电机车修理间绕道段进行支护试验,根据提出的控制方法设计了巷道支护方案并进行了现场试验,结果表明:支护方案有效控制了巷道的变形破坏,验证了支护方案的可行性,为矿井的安全生产奠定了坚实的基础。

7.2　展望

深部高地应力巷道的变形破坏机理是岩体力学研究中的一个复杂问题,也是深部地下工程中急须解决的问题。本书对煤矿深部开采巷道的围岩的破坏机理虽然做了一些工作,但是限于条件和时间,还有待进一步深入研究:

(1) 利用更先进的观测方法及手段,例如采用布设光纤的方法获取物理模拟试验数据,利用 CT 技术、高速摄像系统对巷道开挖过程中的破坏过程和特征进行捕捉。

(2) 改变相似材料模拟中的巷道断面形状、巷道支护强度来分析围岩的变形破坏特征,对指导实践生产更具有代表性和针对性。

(3) 深部开采巷道开挖后围岩力学行为非线性,可以尝试采用能量突变理论、局部剪切分岔理论等分析深部巷道围岩非线性变形规律和破坏机理。

(4) 进一步进行深部开采巷道围岩破坏的数值模拟研究,如考虑模型材料非均质和不同支护强度条件下的破坏现象和规律,模拟分析多因素影响下围岩强度弱化时的变形破坏特征。

参 考 文 献

[1] 田中伸男.世界能源展望 2009[R].北京:国际能源署,2009.

[2] 国土资源部.全国矿产资源规划(2008—2015 年)[EB/OL].[2009-01-07].http://www.gov.cn/gzdt/2009-01/07/content_1198508.htm.

[3] 彭苏萍.深部煤炭资源赋存规律与开发地质评价研究现状及今后发展趋势[J].煤,2008,17(2):1-11.

[4] 史元伟,张声涛,尹世奎,等.国内外煤矿深部开采岩层控制技术[M].北京:煤炭工业出版社,2009.

[5] 钱七虎.深部岩体工程响应的特征科学现象及"深部"的界定[J].东华理工学院学报,2004,27(1):1-5.

[6] 何满潮.深部的概念体系及工程评价指标[J].岩石力学与工程学报,2005,24(6):2854-2858.

[7] 梁政国.煤矿山深浅部开采界线划分问题[J].辽宁工程技术大学学报(自然科学版),2001,20(4):554-556.

[8] 王英汉,梁政国.煤矿深浅部开采界线划分[J].辽宁工程技术大学学报(自然科学版),1999,18(1):23-25.

[9] 李凤仪.浅埋煤层长壁开采矿压特点及其安全开采界限研究[D].阜新:辽宁工程技术大学,2007.

[10] 李化敏,李华奇,周宛.煤矿深井的基本概念与判别准则[J].煤矿设计,1999,31(10):5-7.

[11] 李海燕,刘玉萍,秦佳之,等.煤矿深井开采的合理经济深度研究[J].地下空间与工程学报,2008,4(4):645-648.

[12] 崔希民,刘艳华.地下资源安全开采深度的研究[J].矿业研究与开发,2000(6):1-2.

[13] 李铁汉.高地应力梯度与岩体物理场[C]//中国岩石力学与工程学会第四次学术大会论文集.北京:中国科学技术出版社,1996:657-663.

[14] 陶振宇.试论高地应力区的岩体特性[J].地下工程,1985:5-9.

[15] 郭志.高地应力地区岩体的变形特性[C]//全国第三次工程地质大会论文选集.成都:成都科技大学出版杜,1988.

[16] 薛玺成,郭怀志,马启超.岩体高地应力及其分析[J].水利学报,1987(3):52-58.

[17] 郭映忠.锦屏二级水电站引水工程区地应力场初步研究[J].工程地质学报,1997,5(1):41-46.

[18] 李协生.渔子溪一级水电站压力引水隧洞中岩爆问题的分析探讨[J].地下工程,1983(10):1-4.

[19] 白世伟,李光煜.二滩水电站坝区岩体应力场研究[J].岩石力学与工程学报,1982,

1(1):45-56.

[20] 白世伟,朱维申,王可钧.在高地应力区与一个大型地下电站有关的若干岩石力学问题[J].岩石力学与工程学报,1983,2(1):33-39.

[21] 刘克远.二滩水电站枢纽区主要工程地质问题的研究[J].工程地质学报,1999,7(增):64-77.

[22] KAISER P K, MALONEY S, MOCGENSTERN N R. The Time-dependent proper-ties of tunnel in highly stressed rocks[C]. In:Proc. Sth Cong. ISRM(D). A. A. Balkema,1983:329-335.

[23] WANGER H. Design and support of underground excavation in high Stressed rock, Keynote paper[C]. In:Proc. of 6'h ISRM Congress,Contreal,1987(3):56-72.

[24] ORTEPP W D, GAY N C. Performance of an experimental tunnel subjected to stres-ses ranging from SOMPa to 230 MPa[C]. In:Proc. 4th Symp. ISRM A. A. Balkema,1984:337-346.

[25] 孙钧,刘宝国.岩石力学问题的若干进展[J].科学,1996,49(3):14-17.

[26] 长江水利委员会长江科学院.工程岩体质量分级标准:GB/T 50218—2014[S].北京:中国计划出版社,2015.

[27] 孙广忠.岩体结构力学[M].北京:科学出版社,1988.

[28] 周维垣.高等岩石力学[M].北京:水利电力出版社,1990.

[29] 安欧.构造应力场[M].北京:地震出版社,1992.

[30] 古德曼.岩石力学原理及其应用[M]. 王鸿儒,等,译.北京:水利电力出版社,1990.

[31] 李世平.岩石力学简明教程[M].徐州:中国矿业学院出版社,1986.

[32] 孙钧,张德兴,张玉生.深层隧洞围岩的粘弹:粘塑性有限元分析[J].同济大学学报,1981,9(1):15-22.

[33] 陈宗基,闻萱梅.膨胀岩与隧洞稳定[J].岩石力学与工程学报,1983,2(1):1-10.

[34] 王仁,梁北援,孙荀英.巷道大变形的粘性流体有限元分析[J].力学学报,1985,17(2):97-105.

[35] 朱维申,王平.节理岩体的等效连续模型与工程应用[J].岩土工程学报,1992,14(2):1-11.

[36] 华安增.矿山岩石力学基础[M].北京:煤炭工业出版社,1980.

[37] 于学馥,郑颖人,刘怀恒,等.地下工程围岩稳定分析[M].北京:煤炭工业出版社,1983.

[38] 于学馥.轴变论[M].北京:冶金工业出版社,1960.

[39] 袁文伯,陈进.软化岩层中巷道的塑性区与破碎区分析[J].煤炭学报,1986,11(3):77-86.

[40] 刘夕才,林韵梅.软岩巷道弹塑性变形的理论分析[J].岩土力学,1994,15(2):27-36.

[41] 刘夕才,林韵梅.软岩扩容性对巷道围岩特性曲线的影响[J].煤炭学报,1996,21(6):596-601.

[42] 付国彬.巷道围岩破裂范围与位移的新研究[J].煤炭学报,1995,20(3):304-310.

[43] 范文,俞茂宏,孙萍,等.硐室形变围岩压力弹塑性分析的统一解[J].长安大学学报(自

然科学版),2003,23(3):1-4.

[44] 翟所业,贺宪国.巷道围岩塑性区的德鲁克-普拉格准则解[J].地下空间与工程学报, 2005,1(2):223-226.

[45] 马士进.软岩巷道围岩扩容软化变形分析及模拟计算[D].阜新:辽宁工程技术大学,2002.

[46] 王永岩.软岩巷道变形与压力分析控制及预测[D].阜新:辽宁工程技术大学,2001.

[47] 蒋斌松,张强,贺永年,等.深部圆形巷道破裂围岩的弹塑性分析[J].岩石力学与工程学报,2007,26(5):982-986.

[48] 李忠华,官福海,潘一山.基于损伤理论的圆形巷道围岩应力场分析[J].岩土力学, 2004,25(增2):160-163.

[49] 焦春茂,吕爱钟.粘弹性圆形巷道支护结构上的荷载及其围岩应力的解析解[J].岩土力学,2004,25(增刊):103-106.

[50] (日)江守一郎,等.模型实验的理论和应用[M].郭廷玮,李安定,译.北京:科学出版社,1984.

[51] 林韵梅.实验岩石力学:模拟研究[M].北京:煤炭工业出版社,1984.

[52] 李鸿昌.矿山压力的相似模拟试验[M].徐州:中国矿业大学出版社,1988.

[53] 崔广心.相似理论与模型试验[M].徐州:中国矿业大学出版社,1990.

[54] 茆诗松,丁元.回归分析及其试验设计[M].2版.上海:华东师范大学出版社,1981.

[55] 陈希孺,王松桂.近代实用回归分析[M].南宁:广西人民出版社,1984.

[56] 王宏图,鲜学福,贺建民,等.层状复合岩体力学的相似模拟[J].矿山压力与顶板管理, 1999(2):82-84.

[57] EVERLING G. Model tests concerning the interaction of ground and roof support in gate-roads[J]. International journal of rock mechanics and mining sciences & geomechanics abstracts,1964,1(3):319-326.

[58] 陈炎光,陆士良.中国煤矿巷道围岩控制[M].徐州:中国矿业大学出版社,1994.

[59] 朱德仁,王金华,康红普,等.巷道煤帮稳定性相似材料模拟试验研究[J].煤炭学报, 1998,23(1):42-47.

[60] 翟路锁.裂隙岩体巷道稳定性模拟研究试验[J].煤矿开采,2003,8(2):46-47,52.

[61] 张东明.岩石变形局部化及失稳破坏的理论与实验研究[D].重庆:重庆大学,2004.

[62] 胡耀青,赵阳升,杨栋,等.带压开采顶板破坏规律的三维相似模拟研究[J].岩石力学与工程学报,2003,22(8):1239-1243

[63] 郜进海,康天合,李东勇.动荷载巷道围岩裂隙演化的实验研究[J].矿业研究与开发, 2004,24(6):13-16.

[64] 李仲奎,徐千军,康振同,等.复杂节理裂隙岩体真三维卸载过程力学性能试验研究[C]//中国岩石力学与工程学会第五次学术大会.上海:同济大学,1998.

[65] MEGUID M A,SAADA O,NUNES M A,et al. Physical modeling of tunnels in soft ground:a review[J]. Tunnelling and underground space technology,2008,23(2):185-198.

[66] TRUEMAN R,CASTRO R,HALIM A. Study of multiple draw-zone interaction in

block caving mines by means of a large 3D physical model[J]. International journal of rock mechanics and mining sciences,2008,45(7):1044-1051.

[67] 张强勇,陈旭光,林波,等.深部巷道围岩分区破裂三维地质力学模型试验研究[J].岩石力学与工程学报,2009,28(9):1757-1766.

[68] 马元.深部巷道围岩变形破坏及支护平衡演化机理研究与运用[D].徐州:中国矿业大学,2007.

[69] 陈坤福.深部巷道围岩破裂演化过程及其控制机理研究与应用[D]. 徐州:中国矿业大学,2009.

[70] 何满潮,段庆伟.复杂构造条件下煤矿上覆岩体稳定规律[M]//中国岩石力学与工程学会软岩工程专业委员会,煤矿软岩工程技术研究推广中心.世纪之交软岩工程技术现状与展望.北京:煤炭工业出版社,2000.

[71] 段庆伟,何满潮,张世国.复杂条件下围岩变形特征数值模拟研究[J].煤炭科学技术,2002,30(6):55-58.

[72] 孔德森,蒋金泉,范振忠,等.深部巷道围岩在复合应力场中的稳定性数值模拟分析[J].山东科技大学学报(自然科学版),2001,20(1):68-70.

[73] 姜耀东,刘文岗,赵毅鑫,等.开滦矿区深部开采中巷道围岩稳定性研究[J].岩石力学与工程学报,2005,24(11):1857-1862.

[74] 李宏业.金川二矿区深部巷道支护机理研究以及围岩稳定性的数值模拟[D].长沙:中南大学,2003.

[75] 刘传孝,王同旭,杨永杰.高应力区巷道围岩破碎范围的数值模拟及现场测定的方法研究[J].岩石力学与工程学报,2004,23(14):2413-2416.

[76] 张后全,夏洪春,唐春安,等.巷道围岩破坏与支护方案选取可视化研究[J].金属矿山,2004(12):5-8.

[77] 张哲,唐春安,于庆磊,等.侧压系数对圆孔周边松动区破坏模式影响的数值试验研究[J].岩土力学,2009,30(2):413-418.

[78] 解联库,李华炜,杨天鸿,等.侧向压力作用下巷道围岩破坏机理的数值模拟[J].中国矿业,2006,15(3):54-57.

[79] 朱万成,左宇军,尚世明,等.动态扰动触发深部巷道发生失稳破裂的数值模拟[J].岩石力学与工程学报,2007,26(5):915-921.

[80] 马元,靖洪文,陈玉桦.动压巷道围岩破坏机理及支护的数值模拟[J].采矿与安全工程学报,2007,24(1):109-113.

[81] 甄红锋,张继勋,刘志远.高地应力条件下围岩破损区岩体力学特性研究[J].金属矿山,2008(7):15-18.

[82] 李小军,袁瑞甫,赵兴东.矩形巷道围岩破坏规律数值模拟[J].矿业工程,2008,6(2):18-20.

[83] 王其胜,李夕兵,李地元.深井软岩巷道围岩变形特征及支护参数的确定[J].煤炭学报,2008,33(4):364-367.

[84] 李树清,王卫军,潘长良.深部巷道围岩承载结构的数值分析[J].岩土工程学报,2006,28(3):377-381.

[85] 何满潮,景海河,孙晓明.软岩工程力学[M].北京:科学出版社,2002.

[86] 杨超,陆士良,姜耀东.支护阻力对不同岩性围岩变形的控制作用[J].中国矿业大学学报,2000,29(2),170-173.

[87] 王卫军,李树清,欧阳广斌.深井煤层巷道围岩控制技术及试验研究[J].岩石力学与工程学报,2006,25(10):2102-2107.

[88] 凌贤长,蔡德所.岩体力学[M].哈尔滨:哈尔滨工业大学出版社,2002.

[89] RABCEWICZ L V. The New Austrian tunneling method [J]. Water power, 1965(4):19-24.

[90] RABCEWICZ L V. Stability of tunnels under rock load [J]. Water power,1969 (1): 225-273.

[91] 韩瑞庚.地下工程新奥法[M].北京:科学出版社,1987.

[92] 郑颖人,沈珠江,龚晓南.岩土塑性力学原理[M].北京:中国建筑工业出版社,2002.

[93] 孙广忠,黄运飞.围岩弱化原理及其分析[J].地质科学,1989,24(4):385-392.

[94] 李庶林,桑玉发.应力控制技术及其应用综述[J].岩土力学,1997,18(1):90-96.

[95] 陈宗基.对我国土力学、岩体力学中若干重要问题的看法[J].土木工程学报,1963(5): 24-30.

[96] 于学馥,乔端.轴变论和围岩稳定轴比三规律[J].有色金属,1981(3):8-15.

[97] 方祖烈.拉压区特征及主次承载区的支护理论[M]//世纪之交软岩工程技术现状与展望.北京:煤炭工业出版社,1999.

[98] 董方庭,等.巷道围岩松动圈支护理论及应用技术[M].北京:煤炭工业出版社,2001.

[99] 何满潮,袁和生,靖洪文,等.中国煤矿锚杆支护理论与实践[M].北京:科学出版社,2004.

[100] 朱效嘉.锚杆支护理论进展[J].光爆锚喷,1996(1):5-12,19.

[101] 郑雨天,祝顺义,李庶林,等.软岩巷道喷锚网:弧板复合支护试验研究[J].岩石力学与工程学报,1993,12(1):1-10.

[102] 樊克恭,翟德元.巷道围岩弱结构破坏失稳分析与非均称控制机理[M].北京:煤炭工业出版社,2004.

[103] 樊克恭.巷道围岩弱结构损伤破坏效应与非均称控制机理研究[D].泰安:山东科技大学,2003.

[104] 樊克恭,翟德元,刘锋珍.岩性弱结构巷道顶底板弱结构体破坏失稳分析[J].山东科技大学学报(自然科学版),2004,23(2):11-14.

[105] 陆士良,汤雷,杨新安.锚杆锚固力与锚固技术[M].北京:煤炭工业出版社,1998.

[106] 李桂臣.软弱夹层顶板巷道围岩稳定与安全控制研究[D].徐州:中国矿业大学,2008.

[107] 侯朝炯,郭励生,勾攀峰.煤巷锚杆支[M].徐州:中国矿业大学出版社,1999.

[108] 勾攀峰.巷道锚杆支护提高围岩强度和稳定性研究[D].徐州:中国矿业大学,1998.

[109] 侯朝炯,勾攀峰.巷道锚杆支护围岩强度强化机理研究[J].岩石力学与工程学报,2000,19(3):342-345.

[110] 煤炭工业部生产司.巷道金属支架系列[M].北京:煤炭工业出版社,1987.

[111] 张农,高明仕.煤巷高强预应力锚杆支护技术与应用[J].中国矿业大学学报,2002,

33(5):524-527.

[112] 孙晓明.煤矿软岩巷道耦合支护理论研究及其设计系统开发[D].北京:中国矿业大学(北京校区),2002.

[113] 康红普,王金华,林健.高预应力强力支护系统及其在深部巷道中的应用[J].煤炭学报,2007,32(12):1233-1238.

[114] 周恒.软岩巷道锚杆和锚注支护共同作用机理研究及应用[D].成都:西南交通大学,2006.

[115] 张伯虎.深埋洞室围岩分区破裂化机理及应用[D].重庆:重庆大学,2008.

[116] 周小平,钱七虎.深埋巷道分区破裂化机理[J].岩石力学与工程学报,2007,26(5):877-885.

[117] 何满潮,谢和平,彭苏萍,等.深部开采岩体力学研究[J].岩石力学与工程学报,2005,24(16):2803-2813.

[118] SELLERS E J,KLERCK P. Modelling of the effect of discontinuities on the extent of the fracture zone surrounding deep tunnels[J]. Tunnelling and underground space technology,2000,15(4):463-469.

[119] DIERING D H. Ultra-deep level mining: future requirements [J]. Journal of the South African Institute of Mining and Metallurgy,1997,97(6):249-255.

[120] DIERING D H. Tunnels under pressure in an ultra-deep Wifwatersrand gold mine [J]. Journal of the South African Institute of Mining and Metallurgy, 2000, 100: 319-324.

[121] 长江水利委员会长江科学院.工程岩体分级标准:GB 50218—20144[S].北京:中国计划出版社,2015.

[122] 唐宝庆,曹平.引起岩爆因素的探讨[J].江西有色金属,1995(4):4-8.

[123] 徐林生,唐伯明,慕长春,等.岩爆发生条件研究[J].公路交通技术,2003,19(4):73-75.

[124] 葛华,王广德,石豫川,等.常用围岩分类方法对某深埋隧洞的适用性分析[J].中国地质灾害与防治学报,2006,17(2):44-49.

[125] 王德荣,李杰,钱七虎.深部地下空间周围岩体性能研究浅探[J].地下空间与工程学报,2006,2(4):542-546.

[126] 王明洋,周泽平,钱七虎.深部岩体的构造和变形与破坏问题[J].岩石力学与工程学报,2006,25(3):448-455.

[127] 何满潮,彭涛.高应力软岩的工程地质特征及变形力学机制[J].矿山压力与顶板管理,1995,12(2):8-11.

[128] GÜRTUNCA R G. Mining below 3000m and challenges for the South African gold mining industry[M]//Mechanics of jointed and faulted rock. London:Routledge, 2018:3-10.

[129] 吴爱祥,郭立,张卫锋.深井开采岩体破坏机理及工程控制方法综述[J].矿业研究与开发,2001,21(2):4-7.

[130] 刘泉声,高玮,袁亮.煤矿深部岩巷稳定控制理论与支护技术及应用[M].北京:科学

出版社,2010.

[131] 袁文忠.相似理论与静力学模型试验[M].成都:西南交通大学出版社,1998.

[132] 李德寅,王帮楣,林亚超.结构模型实验[M].北京:科学出版社,1996.

[133] 王文星.岩体力学[M].长沙:中南大学出版社,2004.

[134] 徐芝纶.弹性力学简明教程[M].4版.北京:高等教育出版社,2008.

[135] 王思敬,杨志法,刘竹华.地下工程岩体稳定分析[M].北京:科学出版社,1984.

[136] 华安增,张子新.层状非连续岩体稳定学[M].徐州:中国矿业大学出版社,1997.

[137] 王克忠.大型地下洞室群层状复合围岩稳定性研究[D].北京:北京科技大学,2005.

[138] 谢和平,彭瑞东,鞠杨,等.岩石破坏的能量分析初探[J].岩石力学与工程学报,2005,
24(15):2603-2608.

[139] 李世愚,和泰名,尹祥础.岩石断裂力学[M].北京:科学出版社,2021.

[140] 沈明荣,陈建峰.岩体力学[M].上海:同济大学出版社,2006.

[141] 伍佑伦.基于岩体断裂力学的巷道稳定性与锚喷支护机理研究[D].武汉:华中科技大
学,2004.

[142] 白世伟,林鲁生,徐邦树.凤岗隧洞三维非线性仿真模拟[J].岩土力学,2002,23(6):
673-677.

[143] 刘波,韩彦辉.FLAC原理、实例与应用指南[M].北京:人民交通出版社,2005.

[144] 沈新普,岑章志,徐秉业.弹脆塑性软化本构理论的特点及其数值计算[J].清华大学
学报(自然科学版),1995,35(2):22-27.

[145] 杨超,崔新明,徐水平.软岩应变软化数值模型的建立与研究[J].岩土力学,2002,23
(6):695-697.